自然灾害应急救助的公众有序参与机制研究

陈迎欣 著

重庆大学出版社

内容提要

“十四五”规划和2035年远景目标提出“统筹发展和安全，建设更高水平的平安中国”。面对日益频发的应对难度大、复杂程度高的自然灾害，国内外学术与管理实践基本形成了政社协同、公众参与、多方协同应急的共同认知。如何促使公众有序参与到应急救助活动中，如何完善自然灾害应急管理运行机制与组织体系成为当前保障民生和加强社会治理亟需解决的现实热点问题。在此背景下，本书以系统论为研究视角，系统研究公众有序参与自然灾害应急救助的关键科学和技术问题，探索公众参与自然灾害应急救助的动力机制、实现机制及保障机制，对公众参与进行机理框架搭建，具有重要的理论和实践价值。

图书在版编目(CIP)数据

自然灾害应急救助的公众有序参与机制研究/陈迎欣著.--重庆：重庆大学出版社，2023.7

ISBN 978-7-5689-3062-8

Ⅰ.①自… Ⅱ.①陈… Ⅲ.①自然灾害—灾害管理—研究 Ⅳ.①X432

中国版本图书馆CIP数据核字(2021)第248166号

自然灾害应急救助的公众有序参与机制研究

ZIRAN ZAIHAI YINGJI JIUZHU DE GONGZHONG YOUXU CANYU JIZHI YANJIU

陈迎欣 著

责任编辑：王智军 龙沛瑶 版式设计：龙沛瑶

责任校对：刘志刚 责任印制：张 策

*

重庆大学出版社出版发行

出版人：饶帮华

社址：重庆市沙坪坝区大学城西路21号

邮编：401331

电话：(023) 88617190 88617185(中小学)

传真：(023) 88617186 88617166

网址：http://www.cqup.com.cn

邮箱：fxk@cqup.com.cn(营销中心)

全国新华书店经销

重庆升光电力印务有限公司印刷

*

开本：720mm×1020mm 1/16 印张：16.5 字数：237千

2023年7月第1版 2023年7月第1次印刷

ISBN 978-7-5689-3062-8 定价：68.00元

前　言

中国地大物博、幅员辽阔、地理气候条件复杂，是全世界受自然灾害影响较为严重的国家之一，频发的自然灾害已经成为制约我国经济发展的瓶颈，也是影响我国政治、经济和社会稳定的重要因素。近年来，我国政府加快应急管理建设步伐，在制定法律法规、完善应急预案、建设应急救援队伍、健全应急管理平台等方面已经取得长足进步，但仅依靠政府的力量难以高效、快速、灵活地应对自然灾害。党的十九届四中全会提出，“必须加强和创新社会治理，完善党委领导、政府负责、民主协商、社会协同、公众参与、法治保障、科技支撑的社会治理体系”，政府在自然灾害等公共危机事件发生时，应当注重公众参与，推动完善社会治理体系。以新冠肺炎疫情为例，习近平总书记明确指出：“打赢疫情防控这场人民战争，必须紧紧依靠人民群众。”公众参与可发挥无可替代的基础性作用。

《国家自然灾害救助应急预案》表明，应急救助实际上是多元协作救灾的过程，公众参与自然灾害救助不仅能减弱自然灾害的破坏性影响、提高自然灾害的应急管理能力，还有助于形成良好的社会互动格局。然而我国应急救助实践表明，公众参与自然灾害应急救助存在权利与职责模糊、无序参与、协作度低等问题，因此，如何促使公众有序参与到应急救助活动中，如何完善自然灾害应急管理运行机制与组织体系成为当前保障民生和加强社会治理急需解决的现实热点问题。在此背景下，本书以系统论为研究视角，系统研究公众有序参与自然灾害应急救助的关键科学和技术问题，探索公众参与自然灾害应急救助的动力机制、实现机制及保障机制，对搭建公众参与的机理框架具有重要的理论和实践价值。

本书在结构上共分为 8 章：第 1 章“引言”，介绍研究背景、目的和意义，阐明研究内容、研究思路和研究方法，并对相关研究现状及成果进行总结。第 2

章“公众参与自然灾害应急救助的现状及问题分析”,对相关概念进行界定,明确公众参与自然灾害应急救助的主体和客体,分析公众参与自然灾害应急救助的现状及问题,厘清公众有序参与的评判依据。第3章“公众参与自然灾害应急救助的动力机制”,从推力和拉力维度分析公众参与自然灾害应急救助的动力机制,基于结构方程模型构建公众参与自然灾害应急救助的影响因素模型并进行实例检验,分析各个因素的影响程度、影响方向和相关性。第4章“自然灾害应急救助的公众参与模型及网络关系分析”,构建本土化的公众参与“P-A-D-M”模型,并分析其构成和特点,基于社会网络分析方法构建自然灾害种类与受灾省份、自然灾害种类与公众类型、公众类型与救助方式、自然灾害种类与救助方式四种网络模型,并进行关系分析和测度。第5章“自然灾害应急救助公众参与效率评价”,构建公众参与自然灾害应急救助效率评价的三项投入指标以及两项产出指标,采用模糊超效率 DEA 方法构建评价模型并设计求解算法。第6章“公众参与自然灾害应急救助效率评价的实证研究”,通过样本选取、数据获取和数据处理,对公众参与自然灾害应急救助效率评价进行实证研究,并从整体和个体角度对效率评价结果进行分析。第7章“自然灾害应急救助的参与他系统:公众参与的保障机制”,从政治环境、经济环境和文化环境三方面建立自然灾害应急救助公众参与的保障机制。第8章“公众参与自然灾害应急救助的对策建议”,从政府保障、法制完善、制度支持、文化引领、多方协作、能力提升多角度提出我国公众参与自然灾害应急救助的对策建议。

本书的出版获得国家社会科学基金一般项目“系统论视角下自然灾害应急救助的公众有序参与机制研究”(17BGL181)资助,以期为各高校教师、学生及应急管理领域学者提供学术研究参考,同时为社会组织、企业、志愿者组织以及地震局、民政部、各级政府等决策部门提供智库支持。由于作者水平有限,书中难免有不足之处,恳切希望广大同人和读者给予理解和指正。

陈迎欣

2021年4月14日

目 录

1 引言

1.1 研究背景、目的及意义

1.1.1 研究背景

中国地大物博,地理环境与自然条件复杂多变,人口基数较大,在全球范围内,中国灾害的发生概率相对较大,灾害发生之后所造成的损失也较为严重。长期以来,在自然灾害应急救助过程中政府都处于主导地位,同时也是核心的救助力量,肩负着救灾的重要责任,但在复杂严峻的自然灾害面前,政府面临的难题越来越多。在自然灾害应急救助的过程中,政府在救援力量、应急物资储备以及财政支持方面难以满足灾区庞大的需求量;并且政府的救助方式比较单一,难以满足灾区多元化的需求;另外,政府由于其自身的局限,在自然灾害发生后,无法第一时间到达灾区展开救助,难以保证自然灾害应急救助的时效性[1]。由于上述问题的存在,自然灾害应急救助期间,国家政府机构心有余而力不足。

在 2010 年 6 月 30 日,为了大力开展中国自然灾害救助工作,国务院制定并出台了《自然灾害救助条例》,该条例明确强调了"社会互助、灾民自救"这一重要思想[2],同时就自然灾害应急救助工作开展过程中各阶层所发挥的重要作用进行了充分说明,提出在自然灾害救助工作开展期间,政府应该对做出巨大贡献的红十字会与居民委员会等组织机构进行表彰。另外,在 2016 年 3 月 10 日,为了进一步强化全社会的自然灾害救助应急工作,国家政府相关部门制定并出台了《国家自然灾害救助应急预案》,该预案明确指出,当发生自然灾害时,除了要有效展开社会互助工作与群众自救工作,还应该高度重视各阶层社会力量在自然灾害救助应急工作开展过程中所发挥的重要辅助作用[3]。国家主席习近平同志在"十三五"规划中也高度强调,国务院以及地方各级政府等应该始终坚持遵循“社会协同、公众参与”的基本原则来强化创新社会管理工作并大力推动中国创新社会管理工作格局的进一步优化[4]。另外,党的十九大报告也明确强调,为了增强中国社会治理专业化的整体能力,在充分发挥党委领导与政府的主导作用的同时,还应该积极利用社会协同力量并大力发挥公民的参与作用[5]。当前,多个宏观政策指出,在大力推进自然灾害应急救助工作建设期间,如果仅仅发挥政府这一主体力量,将难以有效保证应急管理工作的效率,有必要倡导全社会力量参与到应急管理工作中来,充分发挥党政的主导作用,并强化其同社会团体、公众个人以及事业单位等之间的协作,从而创建自然灾害应急管理工作的“拳头模式”,以不断提升中国的自然灾害应对能力。

鉴于此,公众参与自然灾害应急救助的活跃度不断增强,试图在政府发挥自然灾害应急救助主导作用的同时弥补部分不足。然而实践表明,公众参与自然灾害应急救助的作用没有得到有效发挥,其根本原因是公众的有序参与性严重不足,在自然灾害应急救助工作开展的过程中,公众的无序参与可能会对应急救助产生不利影响。比如,汶川地震发生时,大量社会公众连夜涌入汶川,使得交通堵塞问题有所加重,物资的正常运送有所受限[6];在自然灾害应急救助工作开展的过程中,公众参与主体的权利与职责模糊,对救援队伍开展救援工作的过程产生了不利的影响;公众在参与自然灾害应急救助期间盲目捐款,资金流向问题较多。

所以,如何促使公众有序地参与到应急救助活动当中,如何完善自然灾害应急管理运行机制与组织体系等成为当前保障民生和加强社会治理急需解决的现实热点问题。这种背景下,本书以系统论为研究视角,对探究公众有序参与机制,从科学理论上解决谁参与、参与的领域是什么、参与的方式是什么、参与的效率如何等问题,具有重要的理论和实践价值。

1.1.2 研究目的

1)改变传统各级政府包揽状态，将公众切实纳入应急救助体系

政府包办式的举国救灾体制可能导致民众与地方的积极性不高的问题。本书将社会群众、非政府组织、单位和个人真正纳入应急救助体系中,提出公众参与应急救助的有效方式,探索精准参与、多元联动、政社协同的应急救助新机制。

2)建立应急救助公众参与机制，完成从“无序参与”到“有序参与”的转变

分析公众无序参与的表现、问题及原因,结合文献和案例,以系统论视角,从公众参与的影响因素、公众参与的关系网络分析、参与方式的准确把握以及参与环境的约束和保障等方面探究参与自系统和参与他系统,实现从“无序参与”到“有序参与”的转变。

3)对公众参与的效率进行评价，使公众参与的实践具有可操作性

建立公众参与自然灾害应急救助的效率评价指标体系,结合层次分析法、模糊综合评价法以及模糊超效率数据包络分析法(SE-DEA)构建公众参与自然灾害应急救助的效率评价模型,并进行实例检验,离析出影响公众参与效率的关键因素,从而有针对性地提出提升公众参与效率的具体路径。

1.1.3 研究意义

1)理论意义

①建立公众有序参与应急救助的研究框架。本书研究应急救助公众有序参与的动力机制、实现机制以及保障机制,既包括公众参与主体与客体,又包括公众参与方式与具体参与环境,逐步创设应急救助公众参与基本理论体系。

②丰富和完善应急管理理论体系。将系统论、协同治理、公民社会等理论引入本书中,提出政府、非政府组织、单位和个人协同参与的新型管理思想,对传统的应急管理理论体系进行丰富与完善,建立公众参与影响因素结构方程以及效率评价等模型,从而为定量研究公众参与应急救助提供理论范式。

③丰富和完善组织理论体系。目前,我国自然灾害应急管理是"命令—控制"型层级制架构,难以适应多元的应急需求,本书提出的多元主体和整合协同模式,对传统组织理论的变革和发展有所贡献。

2)实践意义

①为公众有序参与应急救助实践提供理论依据和方法支持。现阶段,国内对公众参与的理解还存在偏颇,有些人简单地认为公众参与就是所有人都参与。本书为公众参与自然灾害应急救助的实践提供参考框架、理论依据及方法支持。

②有助于提高应急预案质量。本书积极响应国家政府职能转变战略以及社会协同发展趋势,构建的公众参与机制可以系统整合各个主体优势资源并优化配置,促使应急预案设计质量显著提升。

③有助于形成突发事件网络治理模式。构建以公开、自愿、有效参与为基础的多主体协同合作的应急救助体系,从而实现公共利益最大化的目标并达到"善治"效果,最终形成突发事件的网络治理模式。

1.2 国内外研究现状

1.2.1 国外研究现状

1)应急救助方面

现阶段,在全球范围内,美国以及日本等国家已经相继创设并完善了自然灾害救助体系。根据西方国家的应急救助服务发展历史,我们能够清晰地发现,在19世纪,欧美国家就创建了志愿组织,到了1960年前后,政府性的应急救助管理体系与非政府性的应急救助管理体系陆续创建。

关于自然灾害应急救助体系的研究有:Ram(2012)认为在灾难发生后,通过可靠的协调网络的方式向自然灾害发生期间的受灾群众提供包括水以及医疗物资等在内的各种资源,能够在很大程度上防止出现社会混乱现象,这一研究为自然灾害应急救助网络体系的构建提供了新思路[7];Wachinger(2013)指出个人经验、政府的投入力度以及专家的灾害风险认知程度显著影响了自然灾害应急救助,另外,在自然灾害应急救助工作开展的过程中,媒体的灾情报道也能够发挥着积极的促进作用,政府应该建立多元的救助体系[8];Felix 等(2014)依据经典的蒙特卡罗理论进行了启发式算法的构建,在此基础上创建了一种与自然灾害应急救助相关的新型决策支持模型并将该模型运用在救援单位调配资源过程中,自然灾害应急救助工作开展期间的伤亡率以及应急响应时间在原有基础上有较大程度的减少[9];Oral(2015)评估了地震经验对地震备灾的影响,结果显示,灾害经验、居住地点与灾害救助工作有明显的关系,据此对灾害救助提出合理化建议[10];Sword(2016)在极端自然灾害相关的风险背景下探索灾害管理和响应机构,通过不确定性分析提高个体和社区风险背景下的应对能力,为极端自然灾害背景下的风险管理提供了建议[11];Deo(2018)综合了灾害科学与管理,根据全球案例研究弥补了自然灾害科学研究与灾害管理实践之间的差距。使用综合灾害管理技术、定量方法和大数据分析创建灾害预警模型,以减轻这些灾害的影响和降低灾害风险,为灾害管理体系提供了一种全面的方法[12]。

关于自然灾害应急救助现状与问题的研究有:Segal(2011)指出自然灾害对受灾群众的心理健康产生了巨大的冲击,在进行自然灾害应急救助时应该充分关注受灾群众的心理状态,不能仅仅捐助资金[13];Zubir 等(2012)分析自然灾害应急救助工作开展过程中社区公众在减少灾害风险方面所发挥的促进作用，同时在防灾减灾管理领域内合理运用已经创建的自然灾害管理系统，该研究成果能够被使用在抗灾弹性社区领域的有效构建中，对于社区自然灾害风险管理具有深远的意义[14]；Vallance等(2015)针对公众力量在灾后重建过程中所发挥的重要作用进行了全方位分析并就公众参与决策与特定活动的相互影响关系进行了全面的探讨[15]；Sadiqi(2016)研究指出了社区参与意识与能力不足、专业能力不高、政府的法律政策缺乏足够的安全保障的问题，并制订出一个更成功的使社区参与灾害救助的框架，为灾害救助提供了切合实际的对策[16]；Daniels(2017)在对哥伦比亚自然灾害应急救助的研究中指出，虽然国家在减灾方面取得了进展，但仍然存在社区的防御能力、防御意识不足的问题[17]；Espia等(2014)以吉马拉斯溢油事件为研究背景，针对该自然灾害发生期间地方政府和非政府组织的相互影响关系以及两者在应急救助过程中所发挥的重要作用等进行了详细探讨，并就二者面临的协同救灾制度问题予以解读[18]；Chandrasekhar等(2016)指出，社会公众在灾后重建工作开展期间能够充分利用非传统的手段来发挥自身的重要辅助作用，自然灾害能够使得传统的权力关系在原有基础上得以重新平衡，使得边缘化社会群体在灾后重建工作中积极参与[19]；Tkachuck(2018)研究了公众对灾害的关注度，结果表明，学生对灾难的关注度不高，应该提升公众的灾难感知能力，以减少损失的发生[20]；Ludin等(2019)对2015年马来西亚基兰坦6个社区386名洪灾疏散人员进行了横断面研究设计，受访者具有较高水平的社区反应和社会凝聚力，结果显示社区凝聚力与抗灾能力之间存在强关联程度[21]。

2)公众参与方面

在公众参与研究方面，国外学者的研究角度不一并且多学科研究态势较为显著，其中，公共管理学的研究最为普遍，公共管理学角度的公众参与研究主要集中在：一是社区发展，二是电子政务，三是社会治理，四是民主建设。当然，也有部分学者在环境科学领域中进行了公众参与的研究，主要集中在：一是景观规划,二是地理信息共享,三是资源保护以及利用。

学者对公众主体间的相互协作进行了研究。Luna (2002)研究认为,政府与公众之间的合作关系会直接影响灾害救助效果的好坏,因此,她强调公众与政府协作的重要性,并为非政府组织等公众主体参与灾害治理制订了较为完善的参与体系[22];Matin (2010)研究介绍了孟加拉国的非政府组织参与救助洪水自然灾害的实际情况,非政府组织积极与政府协调合作,目前在灾害救助过程中已经与政府形成紧密的联系[23];Curnin (2015)研究认为,在应急管理中应该注重多机构之间的协作,建立双向的合作关系,政府部门与公众之间良好的协作,能取得更为积极的救助效果[24];David 等(2015)针对救灾过程中社会公众力量的影响效果进行了探讨,研究结果表明,政府在救灾工作开展过程中发挥自身主导作用的同时应该通过在线移动众包平台以及 GIS 网络的有效构建来提供一系列的服务,从而引导公众积极参与到应急救助工作过程中来[25];Jennifer 等(2015)以美国大西洋海岸飓风这一自然灾害为例进行了公众主体间相互协作的深入研究,通过抽样调查以及访谈的方法来进行灾难恢复计划制订方式的探求,在广泛收集公众看法的基础上建议政府部门制定并实施与公众主体协作相关的法律制度,以进一步促进公众参与率的不断提高[26]。

Judy 等(2016)针对灾后重建工作开展过程中地方政府为增强社会公众参与能力而采取的具体方式进行了探讨,结果表明,地方政府既可以通过宣传的方式来加强公众的风险意识,也可以对公众集体活动的开展提供大量的方案[27];Anne 等(2016)针对自然灾害应急救助工作开展过程中的非政府组织和应急管理机构等之间的相互协作所产生的积极作用以及消极影响进行了深入探讨,研究认为,非政府组织通过有效开展各种类型的应急救助培训活动能够使得自身的应急救助有效性得以显著增强[28];Rebecca(2018)研究了由英国 17 家公共机构进行合作的自然灾害伙伴关系(NHP)项目,NHP 的目标是建立一个交流自然灾害专业知识、最佳实践的论坛,为政府以及自然灾害应对人员及时提供可靠的意见与建议，并协助有关政府部门进行救援[29]；Cook（2018）论述了尼泊尔两次地震的国际反应，即人道主义行动，共有近70个国家回应了官方的援助请求并派出了各自的军队协助搜救。其中，联系国家之间协作的非政府组织起到了重要作用，研究强调多元主体协作才能更好地在未来自然灾害应对中做出援助和灾难响应[30]；Odiase等（2019）调查了奥克兰的社区对自然灾害风险的复原能力，研究考察了社会、经济、通信、灾害能力和物质资源共五种资源，以确定社区参与对自然灾害风险的复原能力[31]。

同时，在自然灾害应急救助效率方面学者也进行了一定的研究。Corominas等（2006）分析了在灾害应急救助中多技能救援人员的指派问题，以提高救援效率[32]；Topaloglu等（2011）对参与应急救助的医护人员工作指派进行了研究，提高医疗救援效率，减少人员伤亡[33]；Falasca等（2012）在综合志愿者参与意愿的基础上，构建志愿者人员指派模型，以提高救援效率[34]；Guerriero等（2014）用时间窗概念，将满意度与时间相关联，更好地在复杂救援任务中分配资源[35]；Subhajyoti等（2015）研究认为，在应急管理的相关理论成果中，一些学者觉得公众的力量微不足道，作者在此基础上进行了个案研究和公众有序参与程序的构建，针对公众在应急管理工作开展期间参与行为的有效程度进行了系统评价[36]；Vladimir等（2016）指出公众的受教育水平、媒体的报道力度、公众的参与意识对灾害救助的效率有极为重要的影响[37]；Osipov等（2017）通过研究俄罗斯联邦境内的自然灾害，提供了基于GIS的评估灾害风险以及灾害救助效率的方法，丰富了灾害研究的视角[38]；Moreno等（2018）研究了2010年智利地震和海啸灾害，研究结果显示，社区中的社交网络、组织、合作、信任、知识和参与意识在灾难的各个阶段都至关重要，应该从不同的角度提高救助效率[39]。

1.2.2 国内研究现状

1)应急救助方面

和西方发达国家相比,中国的应急救助体系构建起步较晚。汶川地震期间,非政府组织积极发挥自身参与救援的作用,赢得了赞誉与好评,在这之后,中国的应急救助工作开始开展[40],自然灾害应急救助活动逐渐具有专业化特征,更加强调向组织化的方向进一步发展[41]。

关于自然灾害应急救助体系的研究有:黄帝荣(2010)研究认为,现阶段,国内的应急救助资金较为短缺,应急救助机制还存在大量的不足之处,为了能够进一步完善与改进自然灾害救助体系,不仅要对应急救助期间的救助主体以及救助对象等进行有效明确,还应该不断优化当前的灾害风险社会共担机制等[42];许飞琼(2017)通过研究澳大利亚的"政府主导、民间参与、保险支撑"灾害救助体系,为我国灾害救助体系的完善提供依据,认为我国应该完善灾害救助的法制体系并建立一套完备的救助指标体系[43];张素娟(2014)总结国外的先进经验,结合我国的实际情况,指出在灾害的预防和救助阶段仅靠专业和行政力量会面临很大的困难,社区在灾害救助的各方面扮演着重要的角色,社区加大防灾减灾的救助力度,加快建设减灾型社区,是使我国灾害应急管理体系更加健全的一项重要举措[44];陈雨平(2014)以雅安地震为切入点,对如何有效发挥自然灾害救助体系的作用,使经济快速恢复,社会环境快速稳定,保障群众的合法利益提出了意见[45];林鸿潮(2015)针对美国自然灾害应急救助体系进行了全方位分析,为中国自然灾害应急救助制度架构的改进与完善提出了建设性意见,笔者认为,为了能够有序开展中国自然灾害应急救助工作,不得不通过行政程序的方式来予以实现[46];赵朝峰(2015)认为在大力开展自然灾害应急救助工作的过程中应该充分发挥相关管理机构的主导作用,针对自然灾害救助体制中的具体内容进行进一步完善。我国成立了自然灾害救助行政机构、单灾种应急协调机构、综合协调机构和辅助性的管理机构，能够更好地应对自然灾害[47]；陈标（2017）提出了新型农村自然灾害协同管理体制的构建模型，并认为在农村自然灾害应急救助管理工作开展期间，有必要充分发挥政府的主导作用，并实行分级管理以及生产自救等方式，始终遵循社会互助原则等。另外，笔者还指出，在自然灾害应急救助中，各救助主体应该协同联动，坚持协同治理的方针与政策，从中央到地方资源流通，提高各救助主体的协同救助能力[48]；李华文（2018）以时空、地域、破坏程度三方面对自然灾害进行划分，并通过救灾数据分析得出，中国救灾事业在救灾款物、救灾机制、救灾方式、救灾思维等方面日益进步，逐渐形成一套较为科学化与人本化的救灾体系[49]；薛澜（2019）提出推进应急管理体系和能力现代化，应当坚持以防为主、防抗救相结合，加强体制机制建设，鼓励地方创新，多措并举，加强应急管理能力的优化与配置[50]。

关于我国自然灾害应急救助现状与问题的研究有：梁志杰（2010）通过研究多起突发事件，指出我国政府存在救灾物资供应不足、反应迟缓的问题，需要构建以中央救灾物资储备为主，以企业救灾物资储备制度为辅，动员社会公众筹集救灾物资的救助体系[51]；胡洋（2012）指出我国存在抗灾防灾宣传不充分、政府以及民众的防灾意识不强、救灾储备欠缺、在重大灾害发生后供不应求的问题，另外我国参与救助的人员专业技术不高，需要提高人员的专业救助能力[52]；祝明（2015）通过分析国外的自然灾害救助项目和标准，指出国外的自然灾害救助项目比较完备，救助标准比较细致，救助形式与救助对象多样化，救助标准绝对值较高。但我国还存在救助项目单一、标准偏低、缺乏动态调整机制等问题[53]；周永根（2017）通过对美国、日本、中国社区的应急管理模式研究，针对应急管理理念、组织机构、管理机制进行横向比较，得出对中国灾害风险治理的启发，以便更好地应对灾害[54]；赵川芳（2017）针对社会工作在应急救助中应着重关注的方面、发挥的作用以及如何高效发挥作用等问题，从社会工作介入应急救助的预防性和长效性、社会工作人员角色明确性、实施精准救助等方面提出对策建议，为促进社会工作参与应急救助的有效性提供依据[55]；周洪建(2017)以汶川地震以及西南旱灾为例，从预案启动情况、社会脆弱性以及救助多元性、物资储备、灾后救助四个层面进行对比得出，特别重大灾害应急救助时间压力相对较大，并且特别重大灾害的社会脆弱性显著，物资需求容易在短时间内达到峰值，为自然灾害应急救助提供了新的依据[56]；王宏伟(2018)认为我国应急管理的协调性存在着巨大的问题，应该处理好统分关系、防救关系、中央与地方的关系以及内部整合、外部协调，才能更好地进行灾害救助[57]；赵娜(2018)提出应利用"互联网+"的环境，加大防灾减灾的宣传力度，鼓励公众积极参与灾害救助，增强公众的救灾意识，完善我国防灾救灾协同机制[58]；王东明(2018)总结汶川地震后我国在预案体系、灾情管理、灾害损失评估、物资储备、中央补助标准、引导社会参与、灾后恢复重建机制方面的现状及问题，指出我国的灾害救助水平明显提高，但依然存在物资储备不足、社会参与力量专业化水平较低的问题[59]。

2)公众参与方面

近年来，我国公众参与自然灾害应急救助的积极性越来越高，在自然灾害应急救助工作开展的过程中，公众能够发挥政府的补充作用，这非常值得肯定，但是由于起步较晚，公众参与应急救助这一方面仍存在许多问题[60]。当前，我国的公众参与还处在准建设的状态，并没有形成一种制度。一些学者在其成果中提出自己的观点。例如，汪寿阳(2007)在民众危机应对能力研究中提出对公众进行危机教育、危机训练等提高公众的危机意识[61]；方滨兴等(2012)分析多元化媒体参与的社会影响力与非常规突发事件的引致因素耦合机理[62]；朱正威等(2014)建立了社会稳定风险评估公众参与意愿影响因素概念模型[63]；刘铁民(2016)强调公众参与安全管理的重要性并提出相关建议[64]。

关于公众参与自然灾害应急救助的作用与优势的研究有：谢正臣(2011)研究指出在汶川地震自然灾害灾后恢复重建中，企事业单位、政府及非政府组织、普通社会个体积极参与救助并展开多种形式的合作，使灾后重建工作中拥有多种类的资源、最优的重建效率，达到了重建效益最大化的目标[65]；黄敏(2011)认为公众在自然灾害应急救助中相比于政府更加贴近民众，能够在第一时间作出响应，并且其行动能够满足多种特殊的需求[66]；钟开斌(2013)指出民间组织数量大、种类多、分布广，参与灾害管理具有独特优势，民间组织能与地方社区和地方组织形成伙伴关系，在灾害管理中发挥越来越重要的作用[67]；孟甜(2014)指出公众在参与自然灾害应急救助时具有反应迅速、服务领域广泛、工作细致的优点，有力地弥补了政府的不足[68]；张海波(2015)以2013年芦山地震为研究对象，研究非政府组织在应急响应过程中的功能特征，分析该类组织在应急管理网络中的角色定位，从而探讨非政府组织参与自然灾害应急管理的现状[69]；杨娜(2017)认为社会工作者具有灵活性、能动性以及多样化救助方式的优势，在灾害救助中能够弥补政府的不足[70]；刘华(2017)研究指出，近年来公众联合救助的社会影响力以及动员力大大提高，在筹募资金、召集志愿者方面弥补了政府救援力量不足的缺陷，使灾害救援效率更高[71]；邓锐(2018)以贵州省江口县7·20特大山洪为研究对象，指出当前公众参与的积极性不断提高，参与规模不断扩大，提供的救助服务多样，提供的资源贴合实际，在自然灾害应急救助中起到了良好的作用[72]。

关于公众参与自然灾害应急救助存在的问题与对策的研究有：张金平(2011)通过研究甘肃舟曲泥石流案例指出，我国公众参与自然灾害应急救助存在自然灾害多发地区公众的防灾减灾意识欠缺、参与者的救灾能力参差不齐、参与意识不足等问题，并提出政府应该加大灾害知识的宣传教育，提高公众救助的专业化水平[73]；王晖(2013)对汶川地震灾后重建的研究指出，我国重大自然灾害应急救助虽然取得了显著的进步，但仍存在社会捐赠机制不完善等问题，由于受到制度和资源的多重制约，非政府组织的发展缓慢，志愿者的权益缺乏有效的保护，救援人员专业能力不高等[74]；潘孝榜(2013)指出，近些年来，我国公众在自然灾害应急救助中存在着志愿者专业性不足、民间志愿者组织欠缺协调性、媒体信息发布滞后的问题，这些困境导致公众参与自然灾害应急救助没有发挥最大的作用[75]；刘凤涛(2015)通过研究雅安地震指出，我国的非政府组织合法化不足，在救助过程中没有合理的地位，公众的管理、协调以及执行能力还比较欠缺，这些都制约了公众有效地参与救助活动[76]；戴雅蓓(2015)认为，公众参与自然灾害应急救助中存在问题的原因有政府方面的原因和公众自身的原因两个方面，比如公众在自然灾害应急救助中参与救助意识不足，参与能力有待进一步增强，政府制度体系并不健全等[77]；唐圆圆(2017)通过对比中、美两国慈善组织参与社区灾后重建的法律环境、参与领域、方式及效果，提出我国存在法律法规不完善、外部激励不当、内部管理不足、倡导力不足、内部协调能力欠缺等问题[78]；刘杰(2017)指出，在重特大自然灾害灾后恢复重建过程中效率和效果不高的原因是，社会公众存在着“雷声大、雨点小、重形式、轻内容”等问题，因此提出需要从组织动员、沟通协调、考核激励等方面进一步完善应急救助的体制机制，营造社会公众有效地参与自然灾害恢复重建的政策环境[79]；张勤(2018)指出，公众在参与自然灾害应急救助时，对灾难心理救助服务体系的建设存在不足，忽视了对受灾群众的心理安抚，应该提高参与应急救助的志愿者专业化救助能力，全面高效地进行灾害救助[80]；王宏伟(2019)更加注重巨灾的应对、乡村防灾减灾救灾能力建设、基层应急能力的建设、构建有序的应急社会动员体系，军民结合，区域应急协调联动[81]；陈安等(2019)梳理目前国内有关社会力量参与应急管理的中央与地方政策，提出创新参与方式，增加政府购买服务，做好奖励激励[82]。

国内学者在应急协作和沟通交流方面也进行一定的研究。杨善林等(2009)在详细分析利益相关者理论的基础上针对应急管理工作开展期间不同主体行动动力情况进行了探讨，同时就不同主体的参与机制进行了全面分析[83]；徐玖平等(2011)研究认为，为了大力增强应急协作与沟通交流能力，必须通过有效的措施来改进传统的信息共享和公开体系并创设一种灾后 NGO 和政府之间紧密协作的集成机制[84]；吴晓涛(2014)指出，应急预案体系存在预案体系不完整、内容简单、缺乏可操作性等问题，需要对政府内部权力和外部权力重新进行设计[85]；张辉等(2014)研究指出，在突发事件发生之后，既要充分发挥预案间协调接口的促进作用，又要发挥部门间协同应对的积极作用，充分保证应急管理工作开展的跨地域性特征与跨层级性特征，创建一种新型的组织协作模式，从而提升应急协作和沟通交流的整体水平[86]；著名学者张成福(2015)研究认为，在自然灾害应急救助期间，不仅要充分发挥政府的领导作用与协调作用，还应该充分整合社会力量以及组织力量，积极引导公众参与到突发事件应急救助工作中来[87]；李从东等(2015)在有效搭建应急平台的基础上分析应急性组织协作系统并完成了建模工作[88]。

关于自然灾害应急救助效率的研究有：陈鹏(2015)构建了城市自然灾害应急能力评价概念框架，从灾害救援指挥系统、灾害救援队组织结构、灾害救援队行动能力、灾害救援队支持能力、灾害救援保障能力 5 个方面建立城市自然灾害应急能力评价指标体系，为城市自然灾害应急能力的评价研究提供了理论框架[89]；王玉海(2015)从受灾地区的灾民需求出发，指出对灾害救助的评价即是否满足了灾民的需求，并以需求系数为依据对需求满足的程度进行了定性评判[90]；张营军(2015)从灾难表面发展规律进行分析，认为在抢险救灾过程中，物资运送到灾区的及时性，能够充分保障抢险救灾效率，对抢险救灾的整体效果也起到了一定的积极推动作用，能够使受灾人民的生命安全得到充分保障[91]；林毓铭(2015)认为应急救援需要提高人力、物力、财力、信息化等方面的能力，建设高效率的应急物流平台以及信息化平台，有助于提高自然灾害救助效率[92]；陈新房(2017)认为，自然灾害发生后，最为重要的是将抢险救灾物资、医疗卫生药品和生活必需品运送到灾区，救灾物资运送的时效以及运输路径的选取会影响救灾的效率和水平[93]；周荣辅(2017)针对地震灾害应急救援队伍的派遣以及道路重建问题，考虑了救援队伍、救援时间和生存概率因素，表明优化救援队伍有利于提高救助效率[94]；王悦宸(2018)利用线性规划的方法提出了应急救助资源分配模型，满足了应急救助中救助任务和救助资源的动态性需求[95]；韩亚娟(2018)研究基于物资集散区的救援车辆路径优化问题，目的在于有效利用救援资源，提高救援的效率[96]；宋叶（2018）为减轻灾害造成的人员伤亡，更好更快地应急救援，以救援时间满意度以及队伍胜任能力最强为目标，建立地震应急救助队伍的指派模型，实现更高的救助效率[97]；孙华丽（2019）考虑了医疗资源投入的数量与救援工作效率之间的关系，确定最优资源配比，提高医疗救援效率，进一步减少人员伤亡[98]。

1.2.3 国内外研究现状综述

通过现有文献的归纳整理和分析，发现公众参与应急救助的研究取得了一定的成果，但是还有进一步深入探讨的空间，主要体现在以下几个方面：

①从研究现状可以看出，公众参与自然灾害应急救助的研究刚刚起步，尤其2016年新《国家自然灾害救助应急预案》出台后，公众参与应急救助这一课题才被各界人士所重视。目前研究主要集中在参与现状与存在的问题、参与主体与客体、参与策略、参与途径等定性的、宏观的研究方面，定量研究主要集中在路径规划、资源分配、协作模型、人员疏散等方面，而对于参与效果、参与方式等缺乏定量分析。

②目前，公众参与并没有形成一种制度，有关公众参与的研究比较零散，研究往往采用单维度、二维度或三维度之视角，并且各个机制、各个维度之间缺乏系统性关联，未将公众参与自然灾害应急救助作为一个整体性研究主题予以探讨，也尚未把公众参与作为一个系统展开详细分析，所以公众参与应急救助研究的整体架构有待完善。

③在已有的公众参与文献中，没有深入探讨应急救助中公众如何有效、有序参与，也没有系统分析应急救助中公众参与的可行性机制，特别是提出的某些对策建议缺乏可操作性。因此，如何基于中国国情，对公众参与自然灾害应急救助的效率进行评价，探求公众参与有效性，从而使相关对策建议具有可行性和可操作性已成为当务之急。

1.3 研究内容

本书主要从理论和实践两大方面构建基本的分析思路,并将基础性研究和应用性研究有机结合,探讨自然灾害应急救助的公众有序参与机制。研究包括前期研究、中期研究和后期研究三个阶段,具体如下。

1.3.1 前期研究

前期研究定位于基础理论研究,通过查阅大量国内外文献,重点以复杂适应系统理论、公民社会理论、协同治理理论、利益相关者理论、新公共服务理论、新公共管理理论等为基础,分析自然灾害、公众参与、灾害救助等相关概念的内涵和特征,剖析自然灾害应急救助以及公众参与自然灾害应急救助的国内外研究现状,厘清研究内容、研究目的、研究方法和技术路线,为后续研究提供现实依据和理论基础。

1.3.2 中期研究

中期研究是本书的主体部分,主要采用调查问卷、实地调研、文献查阅、实例检验、专家咨询、数理建模等方法分析公众参与自然灾害应急救助的动力机制、实现机制和保障机制,具体内容如下。

1)**公众参与自然灾害应急救助的现状及问题分析**

基于系统论的基本原理,将自然灾害应急救助作为一个复杂系统,剖析自然灾害应急救助的参与自系统:参与主体和参与客体,明确“谁参与、参与什么”的问题。基于参与阶梯理论和利益相关者理论,结合自然灾害应急救助公众参与的具体案例,提出公众有序参与的评判依据,分析自然灾害应急救助公众参与的现状及存在的问题。

2）公众参与自然灾害应急救助的动力机制

运用推拉理论，从推力（公众能力）和拉力（政府、法律政策、社会网络）两方面分析公众参与应急救助的动力因素。基于公民社会理论，结合自然灾害情景因素，从外部和内部两个角度，分析公众参与自然灾害应急救助的影响因素。基于结构方程模型，结合相关文献的梳理结果，构建公众有序参与自然灾害应急救助影响因素模型，设计变量、提出研究假设并确定量表。采用调查问卷、实地调研等方法，对模型进行参数估计、假设检验和修正，并进行因子间效应分析和相关性分析。

3）自然灾害应急救助公众参与模型及网络关系分析

基于托马斯的公众有效参与模型，构建自然灾害应急救助公众参与的总体六维框架，确定公众参与的核心 $5W_s2H_s$（即参与什么、为什么参与、谁参与、什么时候参与、在哪参与、怎么参与、效果如何）。在此基础上构建自然灾害应急救助公众参与“P（参与主体）-A（参与领域）-D（参与程度）-M（参与方式）”模型。基于社会网络分析方法，结合我国公众参与自然灾害应急救助的实例数据，构建自然灾害、公众类型、参与方式的关系网络，并对其进行测度，明晰公众在自然灾害应急救助中的参与状况是什么，不同自然灾害情况下，公众参与救助的方式有什么不同，哪些公众参与救助的方式更有效等问题。

4）自然灾害应急救助公众参与的效率评价

梳理已有文献，结合公众参与自然灾害应急救助的实际情况，确定公众参与自然灾害应急救助效率评价的投入指标与产出指标。结合层次分析法、模糊综合评价法、模糊超效率 DEA 法构建公众参与自然灾害应急救助的效率评价模型，并给出模型的求解方法。对自然灾害应急救助公众参与实例数据进行实证研究，并对评价结果从整体及个体两方面进行分析，解决公众参与自然灾害应急救助效果如何的问题。

5）自然灾害应急救助的参与他系统——公众参与的保障机制

基于文献分析法，结合我国公众参与自然灾害应急救助现状，分析自然灾害应急救助参与他系统,即参与环境,参与环境是公众参与面临的外在情况和条件。从政治环境、经济环境和文化环境三方面建立公众参与的保障机制。

1.3.3 后期研究

后期研究注重提出公众参与自然灾害应急救助的对策建议,根据对研究成果的分析,基于新公共管理理论、新公共服务理论,借鉴美国、日本、英国等国家的公众参与自然灾害应急救助经验,从政府保障、法制完善、制度支持、文化引领、多方协作、能力提升角度提出我国公众参与自然灾害应急救助的对策建议,从而构建"有限分权、有序参与、政社协同、利益整合与风险化解"的应急救助新模式。

1.4 研究思路及技术路线

1.4.1 研究思路

本书按照"提出问题—理论分析—数理建模—实例检验—策略提出"的思路开展研究。以公众参与应急救助程序失范、落实失效的背景为指引,首先分析公众参与、灾害救助等相关概念体系,为本书奠定理论基础;然后从参与自系统和参与他系统角度,系统剖析公众参与的动力机制、实现机制及保障机制,构建公众参与效率评价模型并进行实例检验,使研究切实"立地";最后多角度提出相应对策建议,保证公众有序有效参与救助工作,改进公共服务供给方式,增强社会自治功能。

1.4.2 技术路线

本书的技术路线如图 1.1 所示。

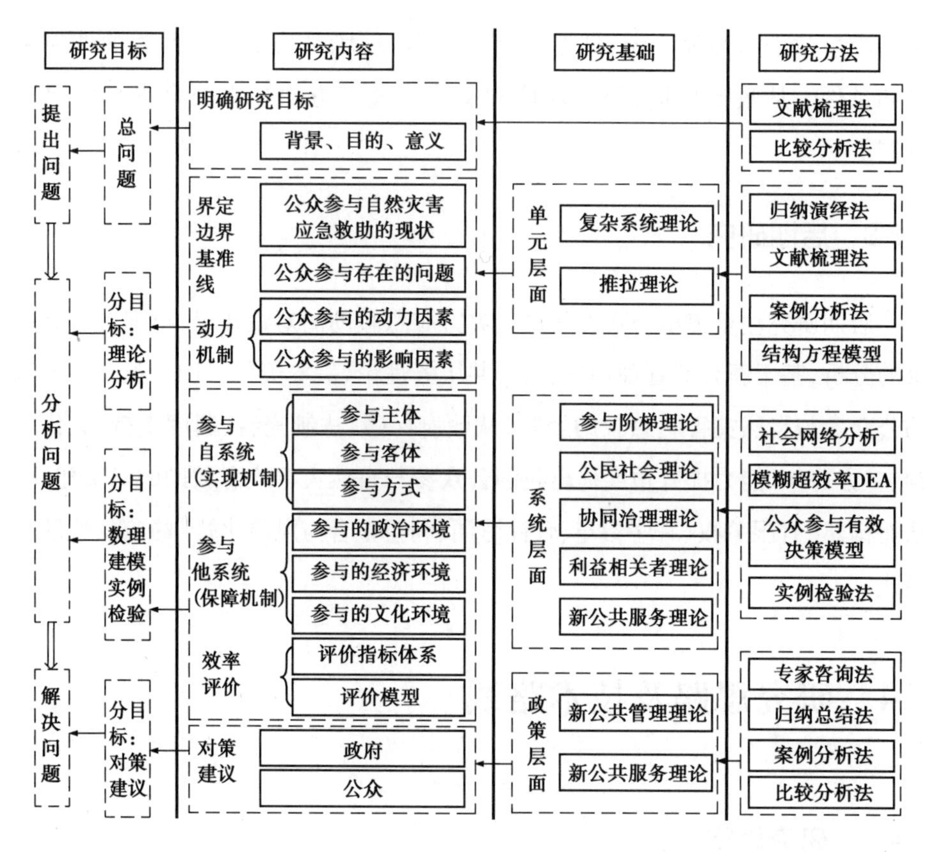

图 1.1　技术路线

1.5　研究方法

1.5.1　调查问卷、实地调研、文献查阅、实例检验、专家咨询等方法的应用

广泛收集大量国内外研究成果，查阅相关法律法规、应急预案及国家和地方年鉴中自然灾害应急管理的数据信息，对自然灾害应急救助公众参与实践进行客观描述，对公众参与应急救助的现状及问题进行深入分析；结合文献梳理

法和归纳演绎法，对灾害救助、公众参与等相关概念体系及公众参与动力因素等进行剖析。

在实例研究部分，依据自然灾害类型、地理位置和危害程度，采用历史分析法，运用时间序列模型搜集我国省（直辖市、自治区）、市、县近十年来自然灾害应急管理数据和典型案例；设计调查问卷，对包括政府部门、救援组织、中小企业、社区、街道、志愿者等应急决策者和参与者进行有针对性的访谈和问卷调查，挖掘公众参与有效性的影响因素；采用 SPSS 软件来统计分析已收集到的数据，从而为公众参与影响因素模型、参与效率评价模型的检验提供数据支持。

在提出对策建议部分，运用归纳总结法，对国内外公众参与应急救助进行对比分析，多角度提出公众参与对策建议，并通过专家咨询法，向专家学者、政府相关部门、社会组织、企业等进行咨询，对对策建议进行修改和优化。

1.5.2 跨学科知识集成

本书贯穿着经济学、社会学、系统科学、计算机科学和管理学多个层次，进行跨学科综合性分析。基于复杂适应系统和推拉理论分析公众参与动力机制；基于参与阶梯、公民社会、协同治理、利益相关者等理论分析公众参与的实现机制和保障机制；基于新公共管理理论提出公众参与对策建议；结合数理建模和实例数据统计分析等计算机技术，充分利用各学科之间相互作用所产生的协同效应，获得研究的整体最优。

1.5.3 数理建模方法的应用

基于社会网络分析法，分析自然灾害、公众类型、参与方式的网络关系；采用结构方程模型来进行公众参与影响因素模型的构建，并运用 AMOS 软件对公众参与应急救助影响因素模型进行拟合、修正，分析各个影响因素之间的相互关系;基于模糊超效率 DEA 模型对公众参与自然灾害应急救助效率进行评价,通过 MATLAB 软件对评价模型进行求解。

1.5.4 还原论与整体论相结合

在研究过程中,不仅要坚持还原论方法,还应该坚持整体论方法,否则将难以保证研究的科学性与整体性,因此,本书从微观角度分析参与主体的心理、行为模式等,并结合经济、政策等宏观环境分析公众参与机制,使研究更加系统。

1.6 创新点

1.6.1 提出兼顾有序参与和有效参与的一般性命题

通过梳理国内外文献发现,目前学界对于公众如何有序参与、参与效率如何等具体问题的回答还不够深入,缺乏实用性、针对性和可操作性。本书对公众参与自系统和他系统进行分析,深入剖析公众参与的动力机制、实现机制和保障机制,基于自然灾害应急数据,采用社会网络分析、结构方程模型、模糊超效率 DEA 模型对公众参与进行定量研究,兼顾有效参与和有序参与,构建“有限分权、有序参与、政社协同、利益整合与风险化解”的应急救助新模式。

1.6.2 基于系统论视角，构建公众参与的六维模型

目前,绝大部分涉及应急救助、公众参与的研究成果都分散于其他相关研究中,没有强调公众参与应急救助是一个开放互动、统一协调的系统。本书针对自然灾害应急救助的特点,突破以往研究中的单维度、二维度、三维度之视

角，弥补其单个维度及整体结构构建不完整的缺陷，从参与主体、参与领域、参与方式、参与程度、参与效率、参与保障方面搭建完整的公众参与应急救助的六维模型。

1.6.3　管理模式实现“自上而下”到“自下而上”的转变

公众参与自然灾害应急救助已是一种必然，不是“要不要”的问题，而是“如何要”的问题；不仅是“如何要”的问题，更是怎样实现“如何要”的问题。本书提出的公众参与机制，不是“过度国家化”或“过度社会化”，而是“嵌合式”救助模式，改变传统政府、非政府组织、企事业单位和公众个体多元分离状态，实现政府由主导型到协调型，公众由服从型到参与型的“自上而下”到“自下而上”管理模式的转变。

2 公众参与自然灾害应急救助的现状及问题分析

2.1 相关概念界定

2.1.1 自然灾害的概念界定

在灾害学研究过程中,自然灾害是一个基本的概念,具有自然性、突发性、衍生性、周期性、区域性、破坏性等特点。国内外对自然灾害的研究涉及的层面十分广泛,涉及的学科众多,不同的研究角度以及不同的学科背景对自然灾害有着不同的理解与描述[99]。有的学者认为,自然灾害是指人类不能控制的自然力量给社会和人民造成的生命财产损失。也有学者认为自然灾害是自然变异、人为因素或者两者共同作用而造成人类生命财产的损失以及生存环境被破坏的过程。尽管学术界对自然灾害的理解与定义不尽相同,但是在某些方面是一致的,即自然灾害的发生必须包含两种因素,一种是自然因素,另一种是社会因素。需特别指出的是社会因素既包含可能会导致自然灾害的人类活动,也包含人类社会的承灾能力,因为只有超过人类的承受能力才可能形成自然灾害[100]。综合以上观点,本书把自然灾害定义为由于自然界作用以及人类社会中的破坏性活动,超过人类的社会结构以及人类赖以生存环境的最大承载力而失去原有的平衡与稳定,造成人类生命财产损失及生存环境功能失效的过程,并且在该过程中承受灾害的对象在一定时间内难以恢复。在中国,自然灾害的类型较多,主要有如下八种:海洋灾害、气象灾害、洪水灾害、地质灾害、森林生物灾害、农作物生物灾害、地震灾害以及森林火灾。

2.1.2 公众参与的概念界定

对于公众参与的概念,国内外都对其做出了不同角度的解释。公众参与和公民参与、利益相关者参与、社区参与之间存在相同或者相近含义[101]。

Aronstein 为公民参与理论的开创者,他认为公民参与是公民对他们享有权利的使用与自主分配的过程,它让非政府机构的公众,在政治、经济活动中所提出的意见在决策时也能作为参考。贾西津(2008)认为在普遍意义上,公民通过正规的政治方式,尤其是通过投票等活动来影响政府的决策,即公民参与[102]。王锡锌(2008)认为在政府立法与做各种决策时,积极鼓励、允许与决策有利益关系的非政府组织、普通群众等,在立法或者制定决策过程中针对相关问题,提出意见与建议、维护自身利益、表达见解、为政府决策提供信息资源,从而使政府立法以及做出的各种决策更加公平、公正、合理[103]。蔡定剑(2009)认为公众参与可以作为一种民主制度,是指与公共活动相关的主体,在制定决策、管理事务、公共治理时,通过多种公开透明的渠道使非政府组织、个人等公众主体能够及时便捷地获取所需信息,提出意见,与决策者互动,从而影响公共决策等活动的过程。它是公众以直接的方式与决策制定者相互联系从而影响公共治理的一系列行为[104]。王家德(2005)认为社会公众、非政府组织、企事业单位或普通个人作为主体,应用其权利有目的地进行一系列社会活动的过程即公众参与[105]。

综合学者对公众参与的定义,本书指出公众参与即在进行一项活动的过程中,政府相关的主体允许、鼓励除政府外的个人、企业或非政府组织,就该活动通过一系列正式的或者不正式的途径表达意见、发表评论、提供信息和反馈互动来直接参与到活动中并影响活动的决策及结果的过程。

2.1.3 灾害救助的概念界定

灾害救助是指政府、非政府组织和其他类型救助主体将资金、物品帮助以及精神鼓励等提供给受灾群众,以保障受灾群众生命财产安全、维持生产生活等的行为。著名学者郑功成(2004)研究认为,灾害事故发生后,国家政府等机构为那些生活困难的人提供物质帮助以及精神鼓励等称为灾害救助[106]。从广义层面来看,灾害救助不仅覆盖了灾前预防阶段,也覆盖了灾害发生后的灾中应急救助阶段以及灾后恢复重建阶段。从狭义层面来看,灾害救助主要是指发生灾害后,国家相关机构以及社会力量向受灾地区提供人力、资金、精神以及物质帮助,从而使得受灾群众可以维持正常生活,并在短时间内进行恢复、重建的活动,狭义层面上的灾害救助阶段主要涵盖了灾中应急救助阶段和灾后恢复重建阶段。本书的自然灾害应急救助主要研究灾中应急救助阶段,即非政府组织(非营利性组织)、企业以及公民个体,利用资金、物质以及服务等救助方式,帮助受灾群众在较短时间内脱离灾害困境的阶段。

2.2 自然灾害应急救助的参与自系统分析

2.2.1 自然灾害应急救助的主体

在自然灾害应急救助主体研究方面,著名学者约翰·克莱顿·托马斯首次创建了公众参与有效决策模型,该模型可以见之于作者撰写并发表的《公共决策中的公民参与》[107]。作者认为,符合如下所述条件才可以被称作公众:①在需要决策的问题上能够提供针对性的有效信息;②能够积极影响、促进和接受决策的执行。学者们已经在公众界定方面展开了深入探讨,广义层面上的公众内涵基本达成一致。本书主要以参与作用为依据,针对广义层面的公众类型进行划分:非政府组织、企事业单位、公众个体。其中公众个体又包含普通公众个体和专业人士两类,因此,共包括四类参与主体。

1)非政府组织

非政府组织即独立于政府体系之外具有一定公共职能的社会组织,是在地方、国家或国际级别上组织起来的非营利性、志愿性的公民组织。非政府组织不以营利为目的,组织内部进行自我管理,具有非政府性、公益性和自愿性的天然属性。包括人们为一定的目的,通过结社成立的各种社会团体,由民间主办、不以营利为目的、旨在推进社会公益事业的民办非企业单位。包括坚持社区服务社会化的原则,在职能上承担了政府转移出来的部分职能的社区管理型组织、基金会、各类志愿者协会等。

非政府组织的专业性较强,还具备了较为显著的灵活性特征,能够深入社会各个阶层,与政府力量之间互相补充,促进应急救助工作效率的不断提升。非政府组织会在自然灾害发生之后积极参与到应急救助工作中来,提供应急救助信息、资金、物资等,并且对政府应急救助工作开展情况进行监督。

我国比较有名的非政府组织有中国儿童少年基金会、北京市仁爱慈善基金会、中国青年志愿者协会、中国红十字会、中国国际民间组织合作促进会(CANGO)等。根据资料统计,截至 2016 年底,国内非政府组织数量总计 70.2 万个,其中,社会团体数量共计 33.6 万个;基金会数量共计 5 559 个(民政部登记、未登记);民办非企业数量共计 36.1 万个。由此可见,我国的非政府组织正在逐渐扩大,广泛发挥作用。

2)公众个体

(1)普通公众个体

普通公众个体与家庭是社会的基本生活单元,在应急救助工作开展期间,普通公众个体是庞大的主体,他们既是灾害受害者,也是救助参与者。部分普通公众个体参加过应急培训或应急教育活动,既能够自救,也能够互救。自然灾害发生后,不论是政府部门,还是非政府组织等,到达受灾区域往往要耗费一定的时间,所以,公众个体的团结合作非常重要,力所能及地提供自己拥有的物资,为救灾工作的进一步开展争取大量的时间,降低灾民的生命财产损失。

(2)专业人士

专业人士主要指在公众个体中的专家学者,公众个体中的专家学者在应急救助方面积累了大量的经验,专业知识储备深厚,能够为自然灾害的预防、响应以及恢复重建等提供咨询和指导。专业人士能够充分利用专业优势积极参与救助,比如,有丰富医疗知识的专业人员,可以在救援现场提供医疗服务;掌握心理知识的专业人员,可以在受灾后对受灾人员进行心理辅导,避免受灾群众产生焦虑情绪。专业人士的知识、技能储备以及救助经验可以增强救助活动的规范性和科学性，对降低应急救助成本具有重要意义。

3）企事业单位

企事业单位包括企业单位以及事业单位，分为国有的和私营的两部分，是一种生产经营组织形式，进行基本的生产经营活动。在自然灾害应急救助过程中，企事业单位可以捐助应急物品、资金，并结合自身的优势为自然灾害应急救助提供帮助，此外，各个企业可以联合协同进行灾害救助，提高灾害救助的效率。

2.2.2 自然灾害应急救助的客体

自然灾害应急救助的客体指公众参与的领域范围。本书参照罗伯特·西斯（Robrt Heath）所创建的4R模式[108]，基于应急救助活动内容的差异来划分自然灾害应急救助的具体阶段，第1个阶段是预防和准备阶段，第2个阶段是响应阶段，第3个阶段是恢复阶段。公众在不同阶段的参与领域和范围如下所示。

1）自然灾害的预防和准备阶段

在自然灾害预防和准备阶段，需要采取一系列合理措施和方案，消除隐患并提升抗灾能力，从而保证自然灾害损失的最小化。

该阶段的具体任务涵盖如下几种：①评估自然灾害风险；②建设减灾设施设备；③宣传和培训自然灾害教育知识；④开展自然灾害应急演练；⑤制定自然灾害应急预案；⑥加强应急培训；⑦准备自然灾害应急的人员和物资，发布预警信息。

在制定应急预案的过程中，必须征集公众的意见并引导公众积极参与，通过定期座谈会的方式来收集专家、公众个体在应急预案方面的可行性意见。完成应急预案制定工作之后，利用媒体宣传的方式增强公众了解程度。

自然灾害风险评估期间,公众个体发挥重要作用,能够根据个人感受为风险识别和管理提供相应信息,有效弥补政府不足。另外,公众个体也能够通过座谈会的方式来指出应急预案中的欠缺并提出修改意见。

非政府组织在动员普通民众方面发挥积极的作用,能够引导普通民众加强对灾害风险以及灾害预防等知识的学习,让普通民众通过宣传培训深入了解自救以及互救等专业知识;非政府组织也可以通过自然灾害预警系统的构建,弥补政府在自然灾害应对方面的不足。

企事业单位在预防和准备阶段的参与途径主要有如下几方面:①参与本单位自然灾害应急预案编制,参加社区组织的应急演练。②提供应急服务。例如,建筑型企业发挥领域优势,在施工过程中严格按照相关标准进行抗震设计,在易发生森林火灾的区域进行防火设计。③制订业务持续计划,保障自然灾害发生后能够迅速做出反应,保持企业的关键业务持续进行,减小灾害带来的业务中断等损失。

2)自然灾害的响应阶段

在自然灾害响应阶段,具体任务涵盖如下几种:①启动已经制定好的应急预案并展开紧急救援活动;②对各救援主体进行有效组织与协调达到联合救援目的;③公布灾害情况以及政府所采取的措施;④对关键性公共设施设备等进行重建。

自然灾害响应期间,非政府组织积极参与指挥疏散工作,有效引导受灾居民进行撤离;对受灾地区的人力资源以及物力资源等进行系统调配,以免造成救灾混乱的局面;收集整理自然灾害相关信息,为政府制定科学合理的决策提供信息支持;辅助医疗救护团队进行受灾群众的心理抚慰以及身体救治。

具备搜救和营救能力的公众个体应该服从组织安排,参与到救援工作中来;专业人士结合自身的宝贵经验和专业优势为救援活动的有效开展提供意见和建议。政府救援力量抵达之前,企事业单位第一时间将生活保障物资提供给受灾群众,帮助灾民进入避难场所。同时,与非政府组织之间紧密协作,积极开展生命救援、发挥自身优势、提供专业应急救灾服务。例如，医药企业可以联合医疗救灾人员共同救治伤患，科技型企业配合专业救援团队，利用地理信息系统（GIS）绘制受灾地区的全景图，为政府救援提供帮助。当然，媒体也应该发挥自身的媒介作用进行灾害信息的及时发布，灾害信息既涵盖了自然灾害的影响程度、影响范围以及人员伤亡情况，也涵盖受灾地区的物资需求、社会治安等相关信息。媒体机构可以搭建实时平台例如网站、热线等方式来征集公众意见。

3）自然灾害的恢复阶段

在自然灾害的恢复阶段，具体任务涵盖如下几个：①启动自然灾害的恢复计划；②开展灾后重建工作以及灾后恢复工作；③提供补偿以及社会救助；④开展灾后规划以及重建选址工作；⑤进行灾后恢复重建总结评估、审计工作；⑥向受灾群众提供心理救助。

自然灾害发生后，公众个人评估经济损失、身体伤害以及生存环境破坏等情况，申请国家补贴、补偿以及申请灾后重建；同时，公共个体还可以对自然灾害应急疏散及物资发放等过程中出现的问题提出意见和建议。专业人士可以总结救灾物资储备、物资分发、预警信息发布等方面的不足，对应急预案的有效性进行评价。

非政府组织对各部门在自然灾害应急救助中的协调能力进行系统评估，对应急救助工作中出现的一些问题进行反思和总结，为政府提供参考，在灾后重建工作中贡献自身的力量。

企事业单位可以凭借自身优势，援建简易图书馆、简易住所等公共基础设施，缓解政府资金不足、硬件设施紧张等压力；另外，企事业单位可以参与到受灾群众心理健康辅导过程中来，定期举办献爱心活动，让受灾群众树立重建家园的信心。

2.3 公众有序参与的评判依据

2.3.1 公众参与行为的有秩序性

公众参与行为的有秩序性是指在应急救助工作开展期间,公众能够接受统一的组织和协调安排,使得社会资源有效分配,应急救助效率得到提高。公众参与行为的无秩序性表现为:不接受政府监管,救助行为以自我为中心,凭冲动参与救助;不挂靠在非政府组织,救援行为无组织无纪律[109];不听从统一指挥,救助行为具有较强的自发性和随意性。无秩序性参与救助虽然可以在一定程度上缓解灾害救助中人手短缺的问题,也是公众参与意识的表达方式之一,但是较大的随意性容易导致灾害应急救助活动无序、无效,增加应急救助活动的开展难度,极大地影响了救援工作效率。

在评判公众有序参与的过程中,公众参与行为的有秩序性是关键评判依据。公众做到统一组织和有效管理,参与行为的有序性才能提高。

2.3.2 公众参与行为的理性

公众参与行为的理性是指,在应急救助工作开展期间,公众能够全方位理解应急救助的意义以及本质,对灾害事件做出有效判断,其他无关因素不会对其理智行为产生影响。对于公众参与行为的理性而言,有两种形式:一是"认知理性",即公众能够认识和把握应急救助行为的本质,可以判断应急救助行为的规律性,能够利用逻辑思维和抽象思维来加深救助行为具体含义的深刻理解[110];二是"实践理性",即公众可以对自身参与行为进行理性认识和把控,不受外界因素左右,理解和体谅其他应急救助主体的行为。

公众参与行为的理性约束主要有两大要素:一是自然灾害事件本身;二是

个体认知局限。在公众参与应急救助过程中,非理性的公众参与行为主要有如下几种形式:①在自然灾害预备和响应阶段,对应急灾害演练持有抵制态度,对社区及非政府组织开展的防灾减灾教育宣传活动持不配合态度;②在自然灾害救援阶段,出于认知不足、容易受外界因素影响、目的不明确等原因,缺乏合作精神,甚至与他人发生群体性冲突;③在灾后恢复重建阶段,由于自身利益问题,对政府给予的补偿、补贴和重建不能达成一致,于是进行聚集抗议活动,甚至通过自残、自杀等极端行为宣泄不满情绪。

公众参与行为的理性也是评判公众有序参与的标准之一,非理性行为通常会造成参与的无序性。公众只有理性参与,方能保证良好的救助效果。

2.3.3 公众参与行为的依法性

公众参与行为的依法性是指,公众在行为合法前提下,基于一定的原则、程序和规范参与应急救助,实现参与行为的程序化、制度化及规范化,并使自身根本政治利益得到最大程度的保障[111]。实践证明,在应急救助工作开展期间,部分公众的程序化意识严重不足,不能依据规范和程序开展救助活动,严重降低了应急救助的服务质量。另外,还有一些志愿者对于自然灾害应急救助流程缺乏了解,对应急救助资源的合理利用以及救助工具的有效使用都存在一定程度的认知偏差,往往盲目扎堆去做救助工作,导致人满为患,志愿者的作用尚未完全彰显。

公众参与行为的依法性也是应急救助有序参与的重要评判标准之一,如果不能按照一定的规范原则、规章制度和流程参与自然灾害应急救助,将严重影响救灾工作进度。

2.3.4 公众参与行为的适度性

公众参与行为的适度性是指,在应急救助工作开展期间,公众可以持续、合理参与灾害应急救助的行为[112]。不适度参与往往表现为:自然灾害发生后,大规模涌入灾区,由于缺乏专业知识等原因,导致在应急救助期间“帮倒忙”或帮不上忙;灾区人数的突发增长,使得救援活动严重受限、道路拥堵、灾民和救援人员转移难度增大。实践证明,公众参与行为不适度,将会显著制约政府决策效率,公众也会在应急救助方面提出更高的期望,当政府未能采纳公众意见、满足公众期望时,将大幅降低政府的政治效能,导致公众参与应急救助的主动性和积极性下降;非政府组织和公众个体的情绪过高通常会使政府决策缺失合理性和民主性;另外,公众的过度参与会增加政府应急救助成本以及政治社会化成本,同时增加公众的自身成本(时间、费用等成本)[113]。

公众参与行为的适度性也是应急救助有序参与的重要评判标准之一,公众适度参与应急救助工作,可以有效避免道路拥堵、灾民无法转移等问题的出现,提高政府决策效率。

2.4 公众参与自然灾害应急救助现状

2.4.1 公众参与自然灾害应急救助案例

1)芦山地震公众参与情况

2013 年 4 月 20 日,中国四川省发生了芦山大地震,地震的等级为 7.0 级,芦山大地震震源深度为 13 千米,受灾最严重的区域是芦山县,房屋倒塌的比重达到了 99%。死亡人数和失踪人数在 4 月 25 日已经分别达到了 196 人和 21 人,累计受灾人数达到了 38.3 万人。在地震发生后的 4 天内,还陆续发生了各个等级的余震,公路桥梁、供水供电等基础设施严重受损,部分乡镇甚至处于“失联”状态[114],这次自然灾害让四川人民深受苦痛。

与 2008 年发生的汶川地震相比而言,芦山地震的救援工作效率显著提高,在救助工作开展过程中,政府发挥了主导作用,非政府组织以及社会公众等也发挥了积极的辅助作用。

在发生地震的当天,政府就启动了一级响应,安排专家、相关部门负责人等亲临灾区开展抗震救灾工作,与此同时,四川省委、省政府第一时间启动了响应机制,及时贯彻党中央的抗震救灾和灾后恢复重建的会议精神,设立抗震救灾指挥部,组织各部门全力参与抗震救灾工作,省军区、安监、消防、卫生等部门在震后半小时内火速抵达灾区。可以说,在党中央的统筹领导下,在省级政府以及县级政府的指挥和协调下,抗震救灾工作得以紧急落实。

企事业单位、非政府组织以及公众个体也积极参与到地震应急救助工作中来。比如,除了四大国有银行捐赠 4 700 万元资金,其他商业银行包括民生银行、交通银行、兴业银行等捐款总规模达到了 2 300 万元;蒙牛、农夫山泉、加多宝、五粮液等知名企业和腾讯、阿里巴巴、百度等知名互联网公司共计捐赠超过约两亿元物资;北京百度公益基金会、中国扶贫基金会、中国红十字会等非政府机构组织也向灾区输送了大批援助物资;国内很多民间组织如蓝天救援队以及国际民间组织也积极派遣了大批志愿者奔赴灾区,开展应急物流供应、辅助医疗救助、救灾物资发放等多类型的工作。社会名人向灾区捐赠了大量物资,个人和群众也积极响应有关救援工作,参与其中。当地震发生后,灾区内的人们在相关救援队伍到达之前就有序开展了自救活动,积极抢救财产和伤员。灾情发生的 4 天时间内,地震灾区就收到了社会各界和国家近 20.85 亿元的救援资金来开展各项救援工作。

2)盐城龙卷风灾害公众参与情况

江苏省盐城市阜宁县于 2016 年 6 月 23 日下午两点左右遭受到一场风力超过 17 级、风速超 70 米/秒的有强破坏力的 EF4 级龙卷风侵袭,此次强对流天气带来了冰雹和强降雨,在不到 8 个小时的时间内,此次暴雨就从黄色预警升至雷暴橙色预警。龙卷风发生 3 天后,据官方不完全统计,当地就报告了 99 人死亡、846 人不同程度受伤的情况,同时,当地超 3 000 间房屋在此次灾害中遭受了损害,暴雨淹没了大片农田,周边地区如淮安等地供水供电设施都受到了损害,大面积的停水、停电为灾区救助带来了极大的困难[115]。

党中央、国家领导机关在灾害发生后给予了高度关注,第一时间内向灾区派遣了抢险救灾工作小组,不仅负责抢救受伤群众,还积极保障灾区群众的生活需求。盐城市紧急启动自然灾害二级响应机制。江苏省委省政府也迅速启动自然灾害一级响应,同时向灾区运输了大量的救灾物资。民政部和国家减灾委紧急启动国家Ⅲ级救灾应急响应。

企业、非政府组织以及群众个人也积极投入到应急救助中。由于此次灾害使得大量民众受伤,当地医院血液需求大量上涨,很多市民纷纷自觉前往医院义务献血,以确保当地医院的血液需求;阜宁县的很多当地市民都借助志愿者平台向灾情严重的地区捐赠了很多床上用品;江苏籍企业家带动全国企业家慷慨解囊,纷纷向灾区捐款捐物进行援助;各地群众和非政府组织都向灾区进行了资金、人力、物资方面的援助,民间救援组织也向灾区派遣了很多专业人员展开援助,例如,蓝天救援队山东临沂市地方分队第一时间赶赴灾区为当地民众提供免费的救援服务,协助当地医疗机构和救援队伍,对受灾情况进行逐一排查,清除阻碍物资运输的路障,拆除灾区的危房,协助政府相关单位对灾区情况进行实时动态统计,科学分发各地运送的物资。

2.4.2 公众参与的意识逐步提高

目前,社会公众对自然灾害应急救助的参与积极性很高。例如在上文提及的芦山地震中,公众个人、非政府组织、企事业单位及政府都积极合作、相互协同构建了一个紧密的救援网络。相关数据显示,在此次地震中,公众个人及企事业单位共援助了近3.6亿元的救援资金;房地产行业、金融行业及互联网行业等近250家企事业单位向灾区进行了援助,其中还包括三星公司、苹果公司这类外资企业;灾情期间共接受了近130多万人次的捐助,在灾情发生的12小时内,就有超3 300人借助电话、微博等渠道主动报名为灾区提供志愿服务,选择自行前往地震灾区进行援助的个人更是多不胜数；全国有超700家非政府组织向灾区提供了救援服务；有115家基金会募集超10.5亿元钱款和物资用于灾后恢复重建和应急响应[116]。

越来越多的公众已经在自然灾害救助的各个阶段自发地参与进来，每当有自然灾害发生时，总能看到公众的爱心募捐、支援救助等活动，发挥着积极的作用。特别是2008年汶川大地震以来，我国的公众参与意识已经开始觉醒，政府相关部门、媒体对社会以通俗易懂的方式大力宣传有关自然灾害方面的知识，让公众深入了解自然灾害，调动民众的主人翁意识，提高公众的参与积极性和责任感。其基本的发展情况主要体现在，我国不同行业的企事业单位都自发利用自己的优势技术与服务支援灾区，大量的非政府组织成立并且能够主动参与到自然灾害应急救助中，《中华人民共和国2016年社会服务发展统计公报》显示，我国的志愿者规模突破一亿人，非政府组织总计70.2万个。基金会中心网调查报告表明，雅安芦山地震灾区共接收社会捐赠款合计16.96亿元，1 000多吨物资，各地红十字会、企事业单位都纷纷加入到救援工作中，弥补了政府救援力量不足的缺陷。公众在积极参与自然灾害救助的同时，整体的救援能力也在不断上升，政府不断宣传各类自然灾害知识，加之公众的受教育程度不断提高，我国公众的参与能力也在提高，行为更加理性化。公众懂得更多的自救以及救援知识，减少了二次伤害，大大提高了救助效率。

2.4.3　公众参与地位及作用逐步彰显

公众因其身份以及性质的特殊性，在自然灾害应急救助中的地位及作用逐步彰显。公众更加贴近受灾群众，在与灾民的沟通方面优于政府相关部门，能够更好地了解灾民实际的需求，渗透到政府部门不能起作用的地方，为灾民提供切合其需求的帮助，使灾民能够迅速走出阴霾。同时，公众力量巨大，在筹募资金、物资方面都具有政府无法相比的优势，弥补政府物资储备不足的缺陷。例如，在“尼伯特”台风登陆福建闽清后，公众第一时间参与到灾害救助中，迅速调动救援力量与设备,转移弱势群体,减轻了政府的救援工作压力。公众灾害救助具有灵活性,例如,地震往往导致道路堵塞,大型的救援机械设施无法进入灾区,志愿者可以随身携带救灾设备,徒步进入灾区救援。公众可以更加深入开展救援工作,这使得公众在自然灾害应急救助中的地位与作用逐步彰显。北京于2012年7月21日遭受了61年来最为强劲的暴雨灾害,给民众的生活生产带来极大的冲击,腾讯网站在灾害发生的第一时间设立专门的暴雨灾害报道页面,向社会大众及时通报各类受灾情况、失踪人员、自救知识等相关讯息和实时新闻。在暴雨发生后,公众总结出一系列北京积水点、灾害救生包、行人行车自救指南等相关急救知识,并在论坛、微博、网站等各平台上进行了分享和传播,各网友就遇险如何自救、车辆涉水遇险应当如何应对等问题展开了讨论,提升并凸显了在自然灾害应急管理中公众的能力和地位。

2.4.4 公众参与方式趋向多样化

公众参与自然灾害应急救助的方式逐步向多样化发展。公众中一些具有社会影响力以及号召力的名人,在自然灾害发生后积极动员社会群众为灾区提供人力和物力的支持。企事业单位结合自身的专业优势为灾区提供服务,例如,在四川九寨沟发生地震后,华为、中兴作为我国的两大通信企业,第一时间赶赴灾区,成立了抗震救灾指挥部,抢修基础设施,保证灾区通信顺畅。腾讯、谷歌、百度等互联网公司,迅速搭建信息查询平台,力求帮助人们更高效地寻找灾区的亲友。普通公众个体除了积极为灾区捐助物资外,还主动深入灾区,帮助搬运救灾物资、维护灾区的社会秩序,并把灾区灾情及时向外界披露。绿舟应急救援促进中心、深圳山地救援队、蓝天救援队等一些运作成熟、经验丰富的民间组织利用自己的专业知识,在救灾过程中提供技术上的支持,并提供指导和咨询。除了生命救助、捐助救灾资金与物资外,公众还对受灾群众进行心理上的安抚,对受灾群众进行全方位的救助,使他们尽快摆脱灾害带来的影响。公众参与方式的多样化弥补了政府单一的灾害救助方式,大大提高了救助效率。

2.5　公众参与自然灾害应急救助存在的问题

2.5.1　公众参与自然灾害应急救助无序性严重

在现阶段，国内各方优势在面对自然灾害时都没有得到充分挖掘。尤其在应急救助的恢复和预防阶段，参与度更低，整个参与过程无序且低效，公众的参与持续性也随着参与热情的衰退而显著降低。

我国公众参与自然灾害救助无序性问题严重，主要表现在参与行为的潮汐性以及盲目性。于田地震的新闻报道称，在灾害发生后，每天有大批志愿者进入灾区，造成灾区道路阻塞，伤员无法运送出来，救灾物资也不能及时送到，后期公众又大规模地退出救灾现场，出现人力不足的现象，大大降低了救援的效率。有的公众仅仅凭借个人的情感参与到救助活动中或者无组织无纪律地进行应急救援，参与的行为有较强的随意性，没有听从统一的指导，往往主观意识非常强烈，有明显的个人倾向，甚至会出现公众在救援时自身受到伤害的现象，造成了救灾过程中的混乱。公众参与自然灾害救助的无序性，不仅没有起到协助政府工作的作用，反而可能会起到反作用，影响政府的专业救援队伍工作，增加了救援工作的负担，降低了救援的效率。

参与救助的公众有时没有了解灾区的具体情况，就盲目地捐助救灾物资或者筹募资金，导致灾区救灾物资的重复。据统计，在汶川地震中，北川灾区受灾人口约 16 万，而收到棉被超过 22 万床，造成资源的浪费，而短缺的物品没有及时供应，不能起到很好的救助效果。

另外，公众在参与自然灾害救助时，不能够从头到尾地参与到灾害救助中，公众参与大部分集中在灾害救助的紧急阶段，在发生灾情后，大量的公众涌入灾区进行救助。但是，随着灾区救助工作的好转，大批的公众又会撤离灾区。

在灾害基本的人员救助完成后，仍然需要公众参与到灾害的恢复重建工作中，进行临时设施的搭建、受灾群众的转移安置以及受灾者的心理安抚等，然而，公众极少投入到灾害的恢复重建阶段，这一阶段的工作大部分都由政府部门独立完成，造成了灾区没有办法及时恢复基本的生活设施以及搭建避难场所。

2.5.2 公众参与自然灾害应急救助专业性不足

清华大学 NGO 研究所对非政府组织中工作人员掌握专业知识程度的调查结果显示，受到专业技能培训并掌握专业救助知识与技能的人员仅占比35%[117]。由此可见，我国非政府组织成员缺少具备专业救助技能的人才。非政府组织、企事业单位以及公众个体缺乏自然灾害救助的专业知识与技能，很多志愿者只凭借一股热情参与到救助活动中，并不具备专业的救援知识与技能，反而会影响救援的效率与效果。在自然灾害救助过程中，除了需要运输救灾物资、筹募资金外，还需要开展医疗救援，对受灾群众进行心理安抚等需要专业知识的救助，并且有效的救援活动必须在专业指导下进行。公众专业的技能与知识不足，缺乏专业性的救援指导，反而会事倍功半，甚至产生二次伤害。以玉树地震为例，玉树县地处高原，救援难度大，公众参与救助时容易产生高原反应，此外玉树有自己的民族语言以及宗教文化，缺乏专业人员的救助指导以及与当地灾民的有效沟通，部分救灾者沦为被救者，增加了灾害救助的负担。很多参与救援的志愿者缺乏极强的风险管理能力和自我保障能力，所以在救援过程中，往往会成为被救援的对象，进而增加当地的救援工作量，影响整体救援工作的开展。当地震发生后，很多志愿者会自发驱车向灾区提供救援，但由于没有及时地协调沟通，加之没有充分了解灾区情况，从而导致灾区的交通出现大面积拥堵，使得外界救援物资无法抵达灾区、伤亡人员无法外出得到救治，因此浪费了很多爱心物资。

在自然灾害应急救助时，企事业单位可以向灾民提供专业的服务和优质的资源，这是其他救援队伍所没有的优势。但是，很多企事业单位在参与应急救助时常出现协调管理能力不足、缺乏鼓励和约束、缺乏参与合法性等问题。在对灾区进行援助时，需要充分发挥社会各方的优势和力量，才能保证各救灾资源的有效利用，从而保证应急救助达到最佳的效果。

非政府组织在志愿者培训、心理干预、分发救援物资、募集资金等多个方面已然形成了一定的规模和程序，从而保证在灾害救助中的灵活性。然而，非政府组织仍然存在参与深度和参与广度严重不足、缺乏切实有效的多方联络机制、整合程度不高等问题，直接导致救助效率低下，无法有效应对自然灾害。

2.5.3　缺乏公众参与自然灾害应急救助的效率评价

现行的自然灾害制度及相关的法律法规虽然开始重视公众参与，但对公众参与自然灾害应急救助的效率如何评价尚无一定的标准，《民政部关于加强自然灾害救助评估工作的指导意见》中指出，在评估自然灾害应急救助时，重点集中在应急救助的措施、政策的评估上，对实际应急救助的评估主要侧重于行政部门，没有把公众参与纳入评估范围内，缺少公众参与可操作性的规范程序，还没有形成一套成熟的评价救灾能力及其救助效率的方法体系，只是在实际工作中凭经验进行定性的估计。

3 公众参与自然灾害应急救助的动力机制

3.1　推力

如今,国内的多数民众和非政府组织等都有着极为强烈的参与公共事务的积极性,同时也认可并接受国家和政府的相关安排和政策制定,保持着极高的支持参与态度[118]。当前,国内公众的经济能力和文化道德素养都在不断提升,其参与到应急管理工作中的意识也随之持续增强,相关参与方式也不断创新。在应急救助自然灾害过程中,公众不但能够表达自己的内心需求、培养自己的应急知识技能,还能发挥带头作用,鼓励周围个体和群众积极参与到应急救助活动中。充分发挥社会公众的作用,全面认识社会公众的特点,不仅能够提高公众在参与应急救援时的有序性,还能保证整体应急救援的有序开展和应急政策的有效实施。

中国的非政府组织数量在近几年中出现了显著增长,相关志愿活动的形式和内容不断增加,服务领域不断扩展,管理机制也不断优化,很多志愿主体的参与意愿从最初的被动开始转变为积极主动[119],各地非政府组织间存在的差异在不断缩小,整体运转有序协调。另外,社会公众对相关应急演练活动和宣传教育的支持也推动了相关工作的开展,社会公众参与应急救助的积极性也在不断提高。

3.2　拉力

3.2.1　政府

在面对自然灾害的相关应急救助中,政府始终处于主导地位,主要表现在以下两方面:一是新制度的创新和对旧制度的突破,近几年,政府不断引导社会公众积极参与到各项公共事务管理中，并针对有关制度进行了创新、优化；二是通过政府信息的公布，将社会公众的监督功能充分发挥出来，政府对社会公众的知情权予以承认和强调，在对公共权力进行约束的过程中，将社会公众的参与作为一种硬性规定，他们的参与在有效提升公共决策质量的同时，也能够明显扩宽政府渠道。

对我国当代应急管理相关经验进行总结后，目前国内已经基本建立起具有鲜明中国特色的自然灾害应急管控机制，也就是以政府为主导的"多力量整合模式"，这个模式同样被称作"拳头模式"。我们在这里提到的"多力量"，不仅包含党、政府以及人民军队的力量，同时也包含社会各界团体、企事业单位以及个人的力量。站在力量分布的角度进行观察，"拳头模式"属于一类由政府主导、将各种社会力量结合在一起的自然灾害应急管理模式，面对重大自然灾害，我们必须依靠强大的政府进行统筹规划并指挥工作，将各种社会力量集结在一起，迅速找到应对策略。站在国家与社会、政府与公众这两种不同角度，结合各类资源配置机制，将多元力量整合于一处，构成巨大的合力，共同面对灾害，这样的协同治理机制将我国在探索应急管理模式中的发展和进步集中体现了出来。

3.2.2 法律政策

只有秉持依法治国这一原则，根据宪法以及法律对国家进行治理，才能够为国家长治久安提供保障[120]。我国针对灾害应急救助建设采取了多种推动措施，为保证自然灾害应急管理工作以及后期救援工作能够顺利进行，采用了包括强化法治保障机制、完善法律体系等在内的多种方法。法律本身表现出规范性、强制性，只有以完善的法规政策体系为基础，灾害应急救助工作才能够更加有序地进行。

我国政府自始至终对灾害应对工作给予了重点关注。发生重大灾害时，坚持"中央进行统一部署、地方各部门分工合作、社会全员共同抗灾"这一方针，逐步形成了带有鲜明中国特色的防灾减灾救灾机制。另外,政府正在努力解决包括抗灾救灾基础制度不完善、政府和个人权利职责不明确等在内的各类问题,使灾害损失持续增长等问题得到有效控制,通过法制本身具有的规范性、可预测性、程序化等特点以及政府的应急管理措施,令自然灾害危机得到有效化解。

在国家自然灾害应急管理机制当中,自然灾害应急管理法是其极为重要的组成部分,它是政府对灾害进行有效、及时的处理、保护群众生命财产安全的重要依据。改革开放至今,随着我国社会主义法制建设的迅速发展,国内自然灾害应急法律法规制度建设同样有着巨大的进步。我国已经出台了包括《中华人民共和国防洪法》《中华人民共和国防震减灾法》《中华人民共和国突发事件应对法》《中华人民共和国气象法》等数十部与自然灾害应急有关的法律法规,构建了比较完善的灾害应急法律制度。21 世纪以内,我国对自然灾害应急体系的建设予以更多的关注,政府强调,需要进一步提升国家对于危机事件的处理能力,强化自然灾害的依法应对能力。自 2003 年开始,我国针对自然灾害应急管理相关法律法规的制定在速度上有着明显的提升,国务院陆续出台了包括《地质灾害防治条例》在内的多部自然灾害应急管理有关规章制度。各级政府机关以及社会公众面对突发事件时,所参照的基本准则为《中华人民共和国突发事件应对法》,2007 年 8 月,最新的《中华人民共和国突发事件应对法》出台。当前阶段,国内与自然灾害应对相关的政策以及规章制度数量达数百件,今后,在对历史经验和国外相关先进法规进行借鉴的基础上,我国将继续深化自然灾害应急管理的法制建设。

3.2.3 社会网络

中国互联网协会于 2018 年 1 月发布的《2017 年中国互联网产业发展综述与发展趋势报告》中提到,要对互联网体系的建设管理进行不断的完善,推动互联网技术以及大数据技术等新型技术进入到更高层次的融合阶段。这一现象表明,我国加快了网络强国的建设进程,同时,我国也将进一步提速应急信息管理平台的建设。在互联网相关技术的帮助下,可以获得精确、全面、及时的自然灾害相关信息，随后，对这类信息进行汇总、处理、深入挖掘并将其显示出来，这些内容在政府以及社会公众共同应对自然灾害的过程当中具有相当重要的实际意义。对于应急管理工作来说，其中的任何一个环节均需要相应的信息资源作为支撑，针对相关信息进行整合、筛选、处理、传达、决策以及发布等一系列工作，使来源于互联网的实时数据能够同应急信息资源结合在一起共同发挥自身功能，针对自然灾害事件专门设置应急信息平台，通过这样的方式使自然灾害处置方案所具备的自动化能力得到有效提升，使其能够为自然灾害应对管理体系提供更高质量的服务。构建应急信息资源管理平台对灾害相关信息的协调及流动起到了积极的推动作用，能够提升社会自然灾害处置能力，帮助降低灾害造成的损失，对群众生命财产安全形成保护，同时，平台也能够为维护社会和谐与稳定提供有力支持[121]。面对自然灾害时，社会公众需要信息平台为其及时提供现场情况、政府处置工作进展以及灾害的未来发展趋势等相关信息。在对有关信息具有一定了解的基础上，社会公众能够更好地参与到应急救助工作中，同时，也可以在一定程度上对应急救援工作起到监督作用，进而与政府建立起良好的互动关系，能够使其应对灾害的能力获得迅速的提升。

3.3 公众参与自然灾害应急救助的影响因素分析

在对公众参与应急救助工作的动力机制进行分析的基础上，本节提出公众参与应急救助的影响因素，外部因素对应拉力，内部因素对应推力。

3.3.1 外部因素

1）社会的经济发展水平

在《难以抉择——发展中国家的政治参与》一书当中，塞缪尔·P.亨廷顿（1976）认为，对于一个国家来说，其政治参与水平同经济发展水平之间存在着密切的关系[122]。自始至终,社会经济的现代性仿佛同社会公众参与联系在一起,在社会中,经济的发展将有效提升公众的社会参与程度。经济发展同政治民主之间存在着非常密切的关联,若对社会经济发展进行遏制并降低沟通,将导致社会民主化负向移动,进而对整体社会现代化进程带来负面影响。政治发展的初期阶段,经济因素便已经开始发挥其自身的功能,现如今,经济因素的重要性更为凸显。

2)公众参与的制度环境

公众参与的制度环境指的是社会公众参与灾害应急援助工作时,所具有的相关宪法、法律、规范性文件等来自外部的制度条件,社会公众在制度评估、制定以及执行过程当中具有一定的参与度。亨廷顿(1968)指出,政治制度化程度同公众参与之间存在着互为因果的密切关联[123],它们均能够对政治稳定性造成影响。我们应当注意的是,政治制度化到达一定的水平以后,才可以对公众参与产生推动作用,优秀的外部制度环境可以有效提升社会公众的责任感和使命感,同时,也可以令政府工作者处于社会公众的监督当中,切实负起相应的责任,在很大程度上推动公众参与有序进行。

3)文化氛围

公众参与所对应的文化氛围不仅包含政府文化氛围,也包含社会文化氛围。前者具体指的是政府针对公众参与所具有的认知及态度[124]。Gabriel A. Almond 和 Sydney Verba(2015)指出,政府文化主要分为三个类别[125],它们分别为狭隘地域性的、主体依附性的以及参与性的。在充斥着狭隘地域性政府文化的社会当中,公众参与程度基本为零;在主体依附性政府文化所主导的社会当中,公众能够在一定程度上参与社会公共事务;而在参与性政府文化氛围内,公众可以充分认识到自己在公共事务当中所处的主体地位,同时积极主动地参与到公共决策相关工作当中,有效推动社会进步。

媒体属于一种进行公众传播的专职机构,在政府与社会公众一同应对自然灾害的过程当中，充当着信息传递的桥梁，它是政府进行决策信息传递的重要渠道。媒体不仅仅能够对整体自然灾害管理能力以及政府工作绩效产生影响，也能够在一定程度上影响社会政治稳定性和未来的发展。自然灾害事件本身所具有的社会传染效应推动媒体将自己的优势充分发挥出来，将整个社会的责任感唤醒，使其对政府工作给予支持和配合。在自然灾害救助工作中，媒体最重要的责任在于对社会公众进行及时的信息公布，对社会各界人士进行动员，使其积极参与灾害应对工作，对政府有关部门的资源配置情况起到监督作用，将正能量传递给公众，将其传播相关信息、对社会公众进行教育、弘扬正确价值观等功能充分发挥出来。相对来讲，重大自然灾害具有更为重要的新闻价值，媒体努力在最短的时间以内，将相关信息传达给社会公众，不仅仅向政府开拓了快速、影响力较强的信息传播通道，同时，也能够满足公众对于灾害情况的知情权，满足其强烈的信息需要。借助媒体，利用网络、移动终端等渠道，面对灾害开展积极的防治及准备工作，打造良好的灾害应急救助文化，能够有效激发社会公众的参与意识，推动有序参与进程。

3.3.2 内部因素

1）公众的参与意识

自改革开放至今，国内公众参与意识得到了不断加强，越来越多的人开始呼吁将公民权利最大程度地体现出来，并使公众参与到灾害应急救助工作当中。公众参与意识得到明显增强，不仅仅能够帮助其在合理的范围内采用各类手段维护自身合法权益，同时，也能够令公众自动通过有序参与这一途径，投身到自然灾害应急救助工作当中。有序参与对公众提出了形成自发参与意识的呼吁，若仍然通过传统的手段进行动员，那么极有可能令公众参与处于非制度性、边缘性的状态当中，这并不能够有效推动社会的发展，甚至会带来负面影响。所以，日益加强的参与意识对公众参与起到了至关重要的作用。

2)公众的个体心理认知

罗伯特·A.达尔(2003)指出,关注、理解并且加入到公共事务的公众在整个社会所占比重较低,通常是寥寥数人。而且公众想不想参与公共事务,有如下几个关键因素[126]:①可以获得一些回报以及收益;②明白各个抉择间的迥异之处;③自身加入到公共事务的自信心,即所谓的政治效能感;④对参与之后的效果予以评价;⑤自身认知水平的高低;⑥参与公共事务遭遇的障碍。因此可以得出,较高水准的认知度、很强的内部效能感以及强烈的自我认同,这些均是公众参与灾害应急救助的必要前提。

3)社会的自组织程度

公众自行组建志愿团体、自助团体、娱乐团体等多样化民众团体的行为都属于社会自组织表现。实践表明,公众的自我组织不但可以推进社会稳步发展,而且对政策的高效实施起到了重要的作用。社会自组织水平越高,代表着公众的素质越高、能力越强,对自我价值的实现以及社会地位的提高具有更强烈的憧憬[127]。先进的社会自组织网络可以推进参与方式的多样性,有助于激励公众把应急知识与实际情况紧密结合,强化参与动机,进而使其参与灾害应急的积极性越发高涨。因此,社会自组织程度是影响公众参与的因素之一。

4)主体的自主规范性

希兰(Sheeran 2010)认为参与主体的自主规范包含描述性规范和命令性规范,两者都对主体的参与行为有着举足轻重的作用[128]。前者侧重于描述哪些参与行为是合理的,而后者侧重于强制性规定,需要依据法律法规约束参与行为,公众参与行为不但要受到理性约束,还要受到规范化、合理化的法律规则的制衡。在应急救助过程中,拥有良好的自我规范性的公众会随时反思自我行为是否违法以及合理,不但要保障参与渠道不违法、有效,还要保障救助活动适度、合理。所以,较好的自助规范性是影响公众参与应急救助的因素之一。

3.4 公众参与自然灾害应急救助影响因素的模型构建和研究假设

3.4.1 变量选取

基于结构方程模型(Structural Equation Modeling,即 SEM)[129]对公众参与应急救助影响因素进行分析,从自变量着手,依照从自变量至因变量的思路来建立线性关系模型。

1)个体心理认知

个体心理认知是指应急救助主体的个人心理要素,囊括大众对应急救助的认识、自我效能感、对政府的信任度等,自我效能感指的是个人对本身参与政治以及公共事务的自信心。Lewin(1936)指出,个人针对真实情况的认知会推动他们对真实状况表现出本能反应[130],不管正确与否,个人的行为均是构建在认知的前提下的。萧扬基(2000)提出,公众个体需要清楚认识自己所处的社会关系、自身权利和义务[131]。郑建军(2013)通过实证分析提出,政府部门在公众中的信誉度会对其参与行为起到积极促进作用[132]。王琳(2015)认为,促使公众参与的心理因素有很多,例如,社会责任感、政治信任、自我认同程度等[133]。罗喆慧(2010)提出自我效能感会对公众的参与意愿产生促进作用,自我效能感高的人一般在生活中对于自己即将完成的各项任务都有着极高的自信,这种自信会促使其自身更乐于实现自己的目标[134]。应急救助工作需要各个主体共同协作才能顺利完成,在良好的心理因素带动下,公众能够更加积极主动参与自然灾害应急救助工作。所以,本书将个体心理认知确定为影响公众参与的因素之一。

2)经济发展水平

经济发展水平指社会经济发展的状况,通常来看,社会基本设施的建设程度能够很好地反映出社会的经济发展水平。公众参与会受到经济发展水平的影响:①相比于受过高等教育、有一定经济条件与社会地位的群体而言,那些学历较低、社会地位与经济条件并不乐观的群体比较缺少这种参与公共活动的契机,随着经济的发展,更多的人能够受到良好的教育,成为高社会地位、高经济收入人群的机会也增多了,这会促使更多人参与到社会公共事务中来;②经济状况的改变会促使非政府组织规模扩大,数量显著增加,参与应急救助的人数也会提高;③由于经济条件的提升,公众更乐于表达自身权利,促使其参与观念产生,为参与行为奠定基础;④经济发展会加强医疗设备、文化设施以及应急救援设备等社会基础公共设施的建设,这也在一定程度上促使公众产生参与意识。所以,本书将经济发展水平确定为影响公众参与的因素之一。

3)文化氛围

文化氛围的内容广泛,精神文化氛围和物质文化氛围都在此范畴中,这是社会综合软实力的重要体现。精神文化氛围指的是社会公众在面对天灾人祸中众志成城的人文精神,主要内容包括社会主义精神、爱国主义精神、不屈不挠的民族气节、抗震救灾同舟共济的精神;物质文化氛围指的是对应急救助活动的培训和演练,以及宣传减灾防灾的教育活动等。文化氛围的展现离不开广播电视、网络、报纸等众多媒体的宣传,公众不但能够及时了解有关自然灾害的信息内容,还能在日常生活中学习自然灾害的紧急应对知识,文化氛围同样是影响公共参与的因素之一。

4)政策法规

政策法规指的是针对应急救助活动所出台的一系列法律法规、政策和制度,内容包括有关宪法条例、相关规章制度、法律法规和规范性文件等。2003 年国务院出台了一套《中华人民共和国突发事件应对法》,其主要内容包括对自然灾害的监测预警、防护准备、救援处理、恢复重建等一系列相关法律制度[135],呼应了《中华人民共和国宪法》中的自然灾害处理法则,逐步构建了应急管理法律体系。现阶段，国内有关自然灾害应急管理的法律法规达 20 部，包括 7 部法律和 13 部行政法规，涵盖洪涝灾害法律、地质灾害法律、环境灾害法律、地震灾害法律，为自然灾害应急管理提供指导作用，对个人、非政府组织、当地政府部门以及中央政府机构的权责义务进行明确，使公众参与有法可依，提高参与的合法性和秩序性。完善的法律制度对产生社会凝聚力、合理调配资源和分配权力有着重要意义。法制化的预警监测制度、灾害处置制度、应急预案制度、救济制度和灾后重建制度，能够为公众参与提供指导方针和基本准则，对公众有序参与起到重要作用。所以，本书将政策法规确定为影响公众参与的因素之一。

5）参与意识

参与意识指公众个体面对应急救助活动时对自身参与意愿的认知。意识具有主观能动性，个体的参与意识会对参与行为产生较大影响，对参与行为有着带动和促进作用。因此，参与意识是参与行为的前提，提高公众的参与意识对于促进其参与行为的产生有着十分重要的意义。

6）参与动机

参与动机指公众受到环境影响后被激发、诱导以及维持的心理过程或内在动力。根据行为学原理可知，动机是促使人们产生行为的心理反应。由于客观环境影响，个人的内心发生变化，从而产生一种能够驱动其向所期望的方向前进的动力。杨荣军（2010）提出，所有参与行为均是在心理动机和参与意识的引导下产生的[136]。我们的日常行为都受到动机的驱使，以鼓励和激发的形式，促使公众产生内在驱动力，有助于实现公众参与行为。

7）有序参与行为

有序参与行为指的是公众有秩序、理性、适度、合法地参与自然灾害应急救助的行为。

以公众有序参与行为为研究中心，分析公众有序参与应急救助的影响因素，因此把公众有序参与行为作为结构方程模型的因变量。基于文献分析和实践证明,发现有序参与行为的产生都是因为受到参与动机及心理意识的影响,因此,将参与动机与参与意识作为模型中介变量。基于对宏观(外部)因素与微观(内部)因素的考量选取自变量,参与主体类型较多,企事业单位、非政府组织以及公众个体都属于参与主体的范畴,从宏观角度看,政治法规、经济发展水平、文化氛围都是影响参与动机与参与意识的重要因素;从微观角度看,公众的参与动机和意识受到其内在个体心理认知的影响。因此,将政策法规、经济发展水平、个体心理认知和文化氛围作为自变量进行建模。

3.4.2　研究模型及研究假设

基于结构方程模型流程进行操作,设计初始构念模型图(图 3.1),后续对其进行阐述并提出研究假设。

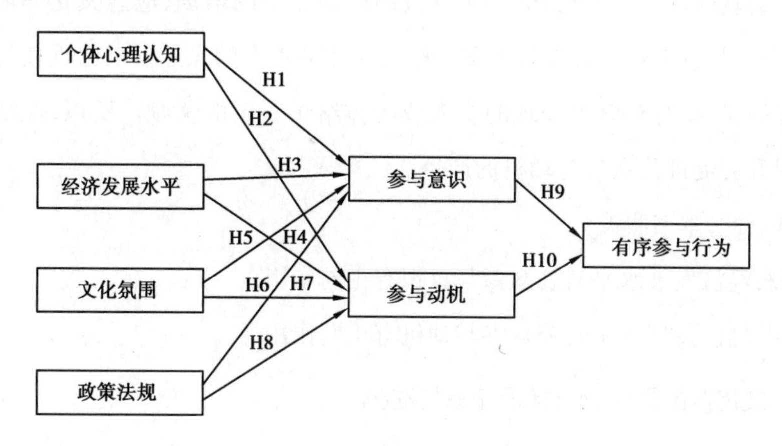

图 3.1　初始构念模型图

1)个体心理认知影响参与意识和参与动机

Goel(1997)通过对社会公众的研究指出,责任感和自我效能感越强的社会公众,具有越高的参与意识[137]。罗伯特·达尔(2003)提出,公众的参与意愿受到很多因素的影响,如自身信心因素、获取的报酬、心理满足、社会地位的提高等,其中,自身信心因素被纳入自我效能感范畴[126]。田喜洲(2008)认为是激励手段促进自我效能感产生[138],也就是说自我效能激发公众的参与动机,从而产生参与行为。基于文献分析,得出参与动机和参与意识在有序参与行为与个体心理认知之间起到中介作用。

基于此,本书假设:

H1:个体心理认知对公众参与意识有正向作用

H2:个体心理认知对公众参与动机有正向作用

2)经济发展水平影响参与意识和参与动机

社会公众的学历水平、社会地位、经济收入状况在一定程度上受到经济发展水平的影响,一般来讲,具有较高的学历、社会地位和经济实力的人对于参与公共事物的积极性更强,也具有更高的参与意识[123]。随着经济的不断发展,许多有关应急救助的教育宣传涌现,大大提高了公众的参与意识。经济的良好发展对社会基础设施的提档升级、应急救助演练频率的增加、应急文化环境的打造、公众参与意识的提高都有着重要作用。经济水平的飞速发展会促使社会激励制度的建立,对有突出表现的个人或团体给予一定的奖励。所以,经济发展水平提升会促进公众参与动机的产生。

基于此,本书假设:

H3:经济发展水平对公众参与意识有正向作用

H4:经济发展水平对公众参与动机有正向作用

3)文化氛围影响参与意识和参与动机

借助传播能力广泛的媒体机构会使公众的参与行为在一定程度上受到文化氛围的影响,电视、网络及各类传播媒体会对公众参与意识的培养起到促进作用,进而会带动其产生参与行为[139]。王京传(2013)认为在网络飞速发展的时代背景下,通过传播媒介可以扩大公众的影响力,促使其产生参与行为的动力不断加强,媒体不但在一定程度上促进公众产生参与意愿,而且能增加公众参与的机会[140],所以,培养良好的文化氛围对参与动机与意识的产生有着重要意义。

基于此,本书假设:

H5:文化氛围对公众参与意识有正向作用

H6:文化氛围对公众参与动机有正向作用

4)政策法规影响参与意识和参与动机

政策法规是影响应急救助活动能否及时开展的重要条件,如果政府部门能够提出精神或物质激励的政策,对参与动机的提高会有极大的促进作用[141],应急救助活动相关法律法规的保障机制同样影响着公众参与意识。

基于此,本书假设:

H7:政策法规对公众的参与意识有正向作用

H8:政策法规对公众的参与动机有正向作用

5)参与意识影响有序参与行为

王越(2015)认为公众参与行动的范围与程度受到其意识的直接影响,具有强烈参与意识的群体会更加倾向于将相应的行动付诸实践,公众正确的积极的参与意识会促使其参与行为具有适度性、合法性和有序性,这说明参与意识的培养对于参与行为有着指导意义[142]。

基于此,本书假设:

H9:公众的参与意识对其有序参与行为有正向作用

6)参与动机影响有序参与行为

参与动机的来源众多,外部刺激会诱使参与动机产生,同样内部需求也会起到一定促进作用。陈然(2012)认为参与动机决定参与行为,参与动机对其行为的有序性与否有着重要的影响[143]。

基于此,本书假设:

H10:公众的参与动机对其有序参与行为有正向作用

3.4.3 量表设计

由于潜在变量无法实际测量,在检验上述假设时需要通过相应潜在变量的观测指标来进行测量，本模型设定七个潜在变量，这些变量的测量题项均以已有的成熟量表为基础，结合相关研究总结而成。

个体心理认知（RZ）的测量量表根据刘超[144]、Lüthje C[145]和Heather M. Smith[146]对于公众参与的研究确定，其中，Heather M. Smith编著的为社会自我效能量表；经济发展水平（FZ）的量表根据文献[144]对于影响企业员工行为的外部因素研究制定；文化氛围（FW）的测量维度根据石晶[147]、漆国生[148]和赵英[149]的已有量表总结而来，主要强调媒体和网络的作用；政策法规（QD）维度的测量量表由陈金贵[150]、王力[151]的研究得出；参与意识（YY）的量表来源于李春梅[152]关于城镇居民公众参与实证研究；参与动机（DJ）的测量维度来自陈然[143]、Wang Y和Fesenmaier[153]的研究，二者的文献主要对公众参与的行为动机进行深入探讨；有序参与行为（XW）的测量量表来自程国民[154]和黄少华[155]，其中，黄少华编制的参与行为量表具有很高的参考价值。综上，量表的题项已经确定，见表3.1。

表3.1　初始量表设计

潜在变量	观察变量	测量维度	来源（文献）
个体心理认知（RZ）	RZ1	社会责任感	[144] [145] [146]
	RZ2	对公共事务的认知	
	RZ3	政府信任	
	RZ4	内在政治效能	
	RZ5	自我认同	
经济发展水平（FZ）	FZ1	宣传资金投入程度	[144]
	FZ2	基础设施资金投入程度	
	FZ3	文化资金投入程度	
	FZ4	教育资金投入程度	
文化氛围（FW）	WH1	普及知识	[147] [148] [149]
	WH2	文化信任	
	WH3	宣传教育	
	WH4	信息高速便捷	
	WH5	通过媒体获取信息	

续表

潜在变量	观察变量	测量维度	来源(文献)
政策法规(QD)	QD1	政策支持程度	[150] [151]
	QD2	信息公开透明程度	
	QD3	法律法规完善程度	
	QD4	政策的可接受程度	
	QD5	政策质量	
参与意识(YY)	YY1	参与趋向	[152]
	YY2	重视程度	
	YY3	救助意识	
	YY4	捐赠意识	
参与动机(DJ)	DJ1	地位提升	[143] [153]
	DJ2	获得表彰	
	DJ3	将知识应用于实践	
	DJ4	实现价值	
	DJ5	身心愉悦	
有序参与行为(XW)	XW1	积极参与社区应急演练	[154] [155]
	XW2	遵守应急法律法规	
	XW3	听从指挥安排	
	XW4	避免救助时的群体性冲突	
	XW6	合理自救互救	
	XW7	持续向灾民提供援助	

3.5　公众参与自然灾害应急救助影响因素模型验证

3.5.1　调查问卷设计

1)问卷前测分析

通过文献总结分析,设计问卷中量表的题项,采用李克特的经典 5 点量表计分法则:最高分为五分,最低分为一分。出于对调查问卷合理程度的考虑,在正式问卷发放前进行了一次前测问卷(附录 A)的调查,将问卷中不合理的题项删去。

本书参考 2017 年我国自然灾害基本情况,从中选取灾情较重的吉林省与湖南省进行前测调研[156],调查对象包括该地区的省、市慈善基金会,省、市红十字会,志愿者联合会等公益组织的法人代表,该省的重点企事业单位负责人、员工和社区群众。在进行前测问卷调查过程中,发放问卷 180 份,收回有效问卷 165 份,收回率达 91.7%。

信度(reliability)指测验结果的一致性、稳定性及可靠性,通常采用 Cronbach's Alpha 值(内部一致性信度系数)来表示该测验信度的高低[129]。Yockey (2010)对于内部一致性系数 α 提出以下观点:Cronbach's Alpha 值最好在 0.90 以上,最低不能小于 0.50,在 0.80~0.89 范围内为较好[157]。通过信度分析方式对调查问卷进行检测,具体结果见表 3.2,由表 3.2 可知问卷中 Cronbach's Alpha 值均高于 0.82,说明前测问卷信度较高。

表 3.2 前测问卷信度分析

概念	Cronbach's Alpha	基于标准化项的 Cronbach's Alpha	项数
RZ	.904	.924	5
FZ	.833	.877	4
WH	.884	.826	5
QD	.952	.814	5
YY	.913	.921	4
DJ	.916	.853	5
XW	.962	.874	6

效度检验是检验量表有效性的论证过程,以量表的开发者收集的相关理论和实证依据,来论证该量表确实能够有效测出目标构念[129]。运用一阶验证性

因子分析(Conformatory Factor Analysis,简称 CFA)方法对每个构面进行效度检验,如果因子负荷系数大于 0.45,表明该题项效度良好,如果低于 0.45,那么需将其删除。

对前测问卷的数据进行效度检验的结果显示,XW7 与 XW6 两个题项的因子负荷系数低于 0.45,需要被剔除,其余构面的因子负荷系数均大于 0.45,因此,在正式调查问卷中将会排除 XW7 与 XW6 题项。不符合效度检验标准的构面如图 3.2 所示。

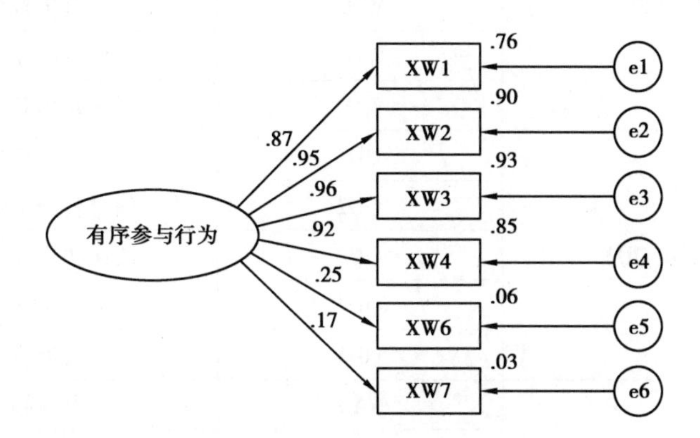

图 3.2　未达到效度检验标准的构面

最后确定的量表见表 3.3。

表 3.3　最终量表

潜在变量	观察变量	测量维度
个体心理认知(RZ)	RZ1	社会责任感
	RZ2	对公共事务的认知
	RZ3	政府信任
	RZ4	内在政治效能
	RZ5	自我认同

续表

潜在变量	观察变量	测量维度
经济发展水平(FZ)	FZ1	宣传资金投入程度
	FZ2	基础设施资金投入程度
	FZ3	文化资金投入程度
	FZ4	教育资金投入程度
文化氛围(FW)	WH1	普及知识
	WH2	文化信任
	WH3	宣传教育
	WH4	信息高速便捷
	WH5	通过媒体获取信息
政治法规(QD)	QD1	政策支持程度
	QD2	信息公开透明程度
	QD3	法律法规完善程度
	QD4	政策的可接受程度
	QD5	政策质量
参与意识(YY)	YY1	参与趋向
	YY2	重视程度
	YY3	救助意识
	YY4	捐赠意识
参与动机(DJ)	DJ1	地位提升
	DJ2	获得表彰
	DJ3	将知识应用于实践
	DJ4	实现价值
	DJ5	身心愉悦
有序参与行为(XW)	XW1	积极参与社区应急演练
	XW2	遵守应急法律法规
	XW3	听从指挥安排
	XW4	避免救助时的群体性冲突

2)调查对象基本情况

2018年5—6月,课题组在吉林省和湖南省进行了为期两个月的正式实地调研,以问卷调查的方式对吉林省与湖南省的志愿者联合会,省、市级红十字会和省、市慈善基金会等公益组织的法人代表、重点企事业单位负责人、职工以及社区居民进行调研。与此同时,采用网络问卷调查的方式进行网上调研,网络问卷调查对象主要分布在以下区域:吉林、陕西、广西、湖北、湖南等洪涝暴雨极端天气频发的地区[157];福建和广东等台风灾害肆虐的地区;新疆和四川等地质灾害频发的地区;山东、内蒙古、辽宁等干旱多发的地区,调查范围覆盖了我国12个省份(自治区)。共发放调查问卷496份,回收有效问卷480份,收回率96.3%。表3.4为本次调查样本的构成状况,由表3.4可知,参与本次问卷调查人员中女性占比43.68%,男性占比56.32%,性别比例接近,和我国实际男女比例相符。参与本次问卷调查人员年龄小于20岁的占比5.78%,20岁到39岁之间的占比39.65%,39岁到59岁之间的占比45.84%,超过60岁的占比8.73%。由此可见,本次调查的主要对象年龄浮动在20~59岁,这个年龄段的受访者是国家的中坚力量,主观意识较强,在应急救助中占据着主导位置,这为本次调查的典型性和真实性建立了数据基础。

参与本次问卷调查的人员中,受教育程度在初中及以下的人员占比31.22%,高中学历人员占比27.35%,大专学历人员占比10.62%,本科学历人员占比26.58%,研究生学历人员占比4.23%。由此可见,参与本次调查人员的受教育水平处于中等位置。从受访者职业状况来看,有2.83%的人员来自非政府组织,4.47%的人员为中学生,6.91%的人员从事学术或教育行业,8.42%的人员是自由职业者,17.14%的人员来自事业单位,28.45%的人员为个体经营者,还有31.78%的人员为企业员工。由此可见,参与本次调查人员的职业状况和我国社会总体情况基本吻合。

根据参与本次调查人员的专业分布状况来看,有10.64%的人员为管理学专业,21.61%的人员为工学与理学专业,还有13.35%的人员为医学专业。由此可见,专业为管理学、工学、理学以及医学的被调查对象所占比例较高,这些人员是潜在的应急救助的专业人士,因此,本书更具有实际意义[159]。

表 3.4 样本分析统计表

变量	分类	频率
性别	男	56.32%
	女	43.68%
年龄	20 岁以下	5.78%
	20~39 岁	39.65%
	40~59 岁	45.84%
	60 岁及以上	8.73%
文化程度	初中及以下	31.22%
	高中(含中专〉	27.35%
	大专	10.62%
	本科	26.58%
	研究生及以上	4.23%
职业	非政府组织(NGO)	2.83%
	事业单位	17.14%
	企业	31.78%
	学术界/教职员	6.91%
	自由职业	8.42%
	个体经营	28.45%
	学生	4.47%
专业	经济学	6.81%
	法学	9.26%
	教育学	7.57%
	文学、历史学	17.96%
	理学、工学	21.61%
	农学	4.32%
	医学	13.35%
	管理学	10.64%
	其他	8.48%

3）问卷信度检验

表3.5显示，正式问卷信度分析结果中，量表各个维度的 Cronbach's Alpha 系数都在0.830~0.970，由此可见，制定的量表在各个维度上都保持较好的内部一致性。

表3.5　正式问卷信度分析结果

概念	Cronbach's Alpha	标准化的 Cronbach's a	项数
RZ	.904	.906	5
FZ	.833	.838	4
WH	.884	.885	5
QD	.952	.955	5
YY	.913	.923	4
DJ	.916	.926	5
XW	.962	.964	4

4）问卷效度检验

对正式问卷数据进行一阶验证性因子分析（CFA）[130]，将数据输入 AMOS21 测量题项的效度，得到如下检验结果：

（1）个体心理认知的效度检验

个体心理认知的一阶 CFA 分析如图3.3所示。

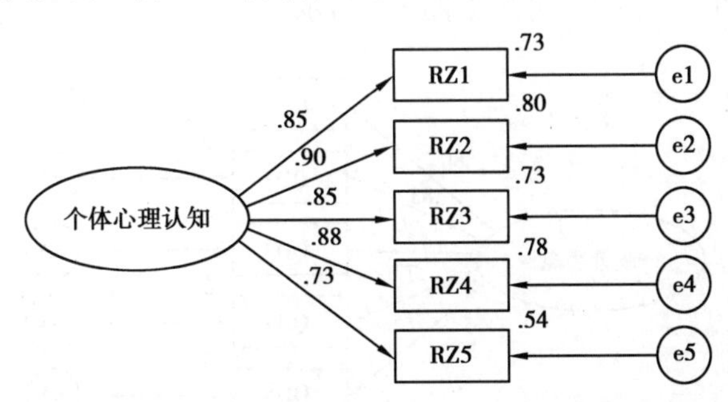

图3.3　个体心理认知的一阶 CFA 分析

(2)经济发展水平的效度检验

经济发展水平的一阶 CFA 分析如图 3.4 所示。

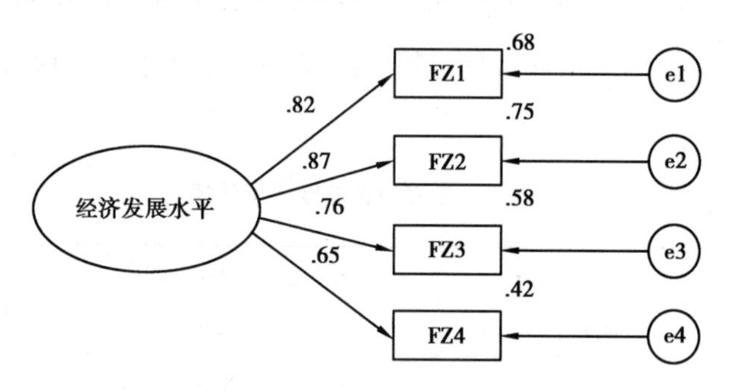

图 3.4　经济发展水平的一阶 CFA 分析

(3)文化氛围的效度检验

文化氛围的一阶 CFA 分析如图 3.5 所示。

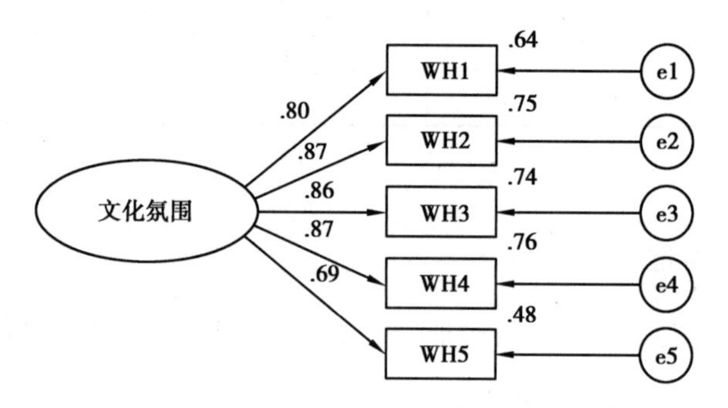

图 3.5　文化氛围的一阶 CFA 分析

(4)政策法规的效度检验

政策法规的一阶 CFA 分析如图 3.6 所示。

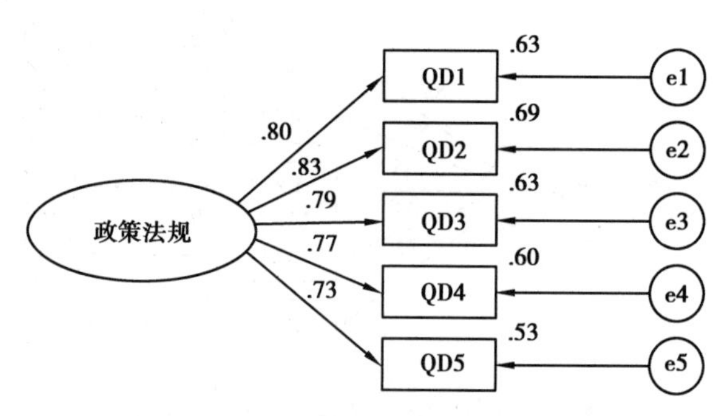

图 3.6　政策法规的一阶 CFA 分析

(5)参与意识的效度检验

参与意识的一阶 CFA 分析如图 3.7 所示。

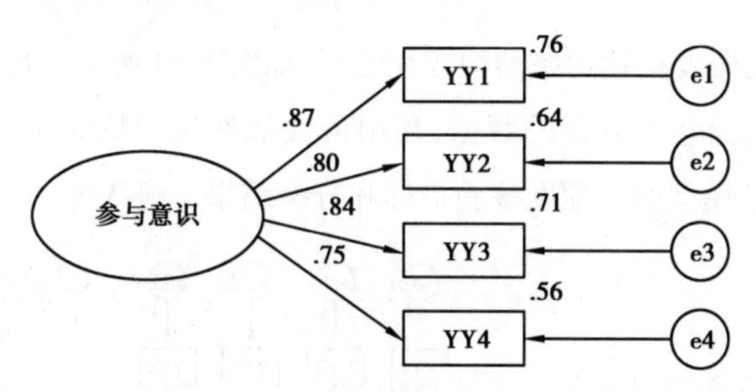

图 3.7　参与意识的一阶 CFA 分析

(6)参与动机的效度检验

参与动机的一阶 CFA 分析如图 3.8 所示。

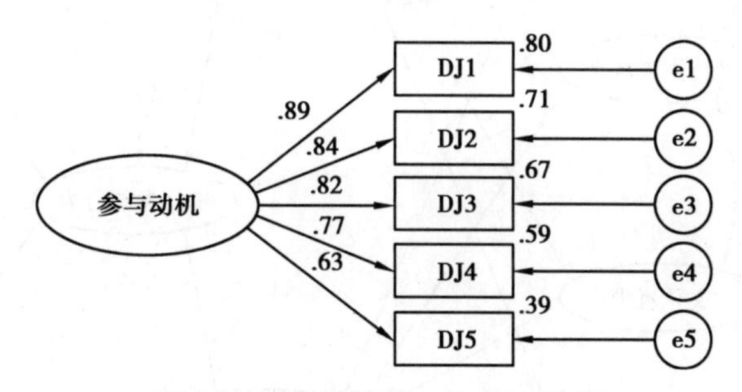

图 3.8　参与动机的一阶 CFA 分析

(7)有序参与行为的效度检验

有序参与行为的一阶 CFA 分析如图 3.9 所示。

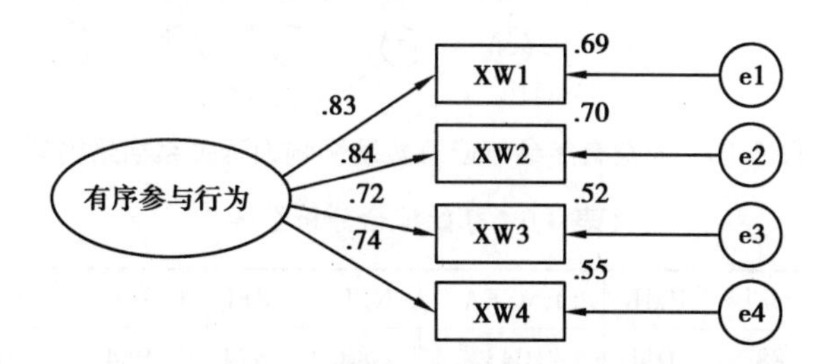

图 3.9　有序参与行为的一阶 CFA 分析

由图 3.3—图 3.9 可知,每个观察变量对于潜在变量的因子负荷系数均大于 0.45。综上,每个构面都具有良好的信度和效度,量表设计比较合理。

3.5.2 模型参数估计

按照基本的假设构建初始结构方程模型，如图 3.10 所示。在 Amos 21 软件中读取正式调查问卷所收集的数据，利用最大似然法（Maximum Likelihood）进行参数估计[160]，模型的适配度核验指标和分析结果见表 3.6。

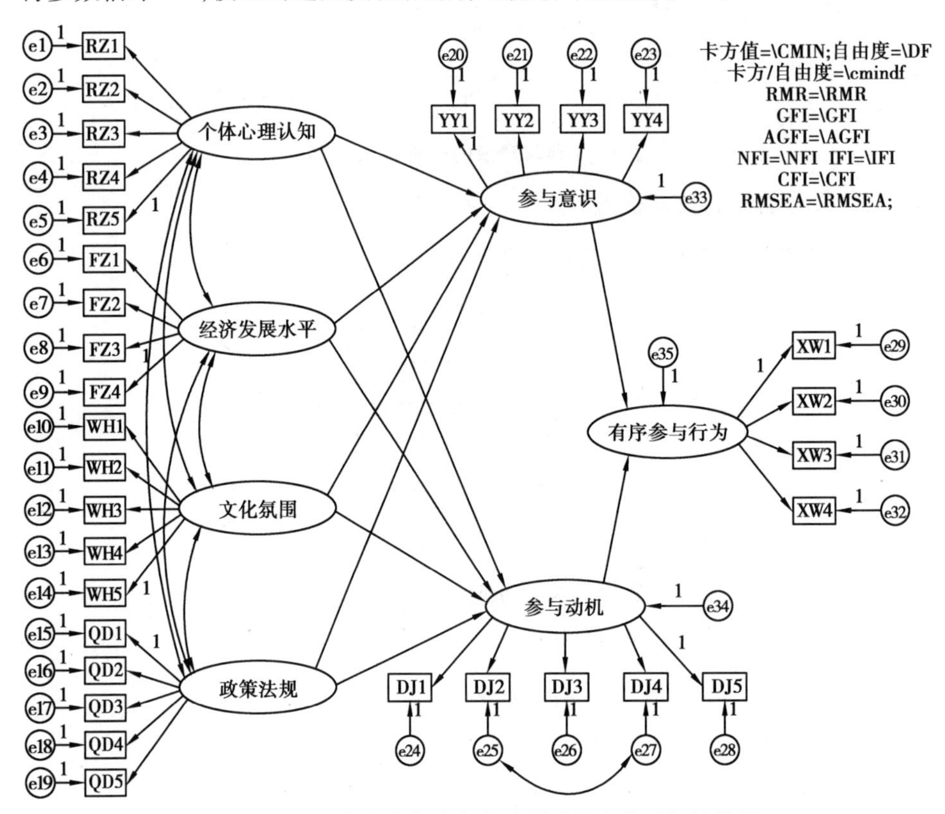

图 3.10 公众有序参与应急救助影响因素关系初始模型

表 3.6 初始拟合分析结果

指标	CMIN/DF	GFI	RMR	RMSEA	NFI	RFI	IFI	TLI	CFI
结果	1.603	.883	.011	.043	.886	.874	.954	.949	.954
标准	<3，越小越好	>0.90 以上	<0.05	<0.05 为适配良好	>0.90 以上	>0.90 以上	>0.90 以上	>0.90 以上	>0.90 以上
符合程度	符合	不符合	符合	符合	不符合	不符合	符合	符合	符合

由表 3.6 可以看出,模型得到初步验证,但是拟合度指标 GFI、NFI、RFI 均不理想。如果结果中出现了不适配的指标参数或者模型的拟合程度比较低,那么便需要设法对初始模型进行路径修正。模型修正的目的就是通过减少、增加和变动模型自由参数的设定,将拟合度提高。Amos 提供的模型修正指标(Modification Indices,简称 MI)见表 3.7,根据 MI 可知,如果在模型中建立 e1<--->e2、e8<-->e9、e12<-->e13、e13<-->e14 四条相关关系,模型的拟合程度会大大提升。

表 3.7　模型修正系数

路径			M.I.	Par Change
e31	<-->	e32	4.694	-.015
e30	<-->	e32	8.383	.019
e29	<-->	e31	5.781	.019
e25	<-->	e33	4.004	-.021
e26	<-->	e25	4.638	-.015
e28	<-->	e24	5.418	-.016
e23	<-->	WH	4.592	-.011
e22	<-->	e35	6.091	.022
e22	<-->	e26	4.990	-.015
e21	<-->	e25	10.131	-.026
e21	<-->	e26	4.646	.016
e20	<-->	WH	7.781	.016
e20	<-->	RZ	7.799	-.021
e8	<-->	e6	5.949	-.017
e9	<-->	e7	16.533	-.023
e9	<-->	e8	20.650	.026
e15	<-->	e35	6.490	-.026
e16	<-->	e32	4.139	.014
e18	<-->	e16	11.664	-.023

续表

路径			M.I.	Par Change
e19	<-->	e33	7.913	-.030
e19	<-->	e17	7.203	-.019
e19	<-->	e18	10.428	.023
e10	<-->	e33	6.245	.029
e10	<-->	e15	6.999	.024
e11	<-->	e10	14.699	.031
e12	<-->	e10	8.922	-.021
e12	<-->	e11	8.557	.019
e13	<-->	e11	27.026	-.033
e13	<-->	e12	5.503	.013
e14	<-->	e29	5.620	.017
e14	<-->	e11	7.377	-.018
e14	<-->	e12	8.663	-.017
e14	<-->	e13	33.927	.034
e1	<-->	QD	9.990	.031
e1	<-->	e28	6.927	-.018
e1	<-->	e6	5.439	-.019
e1	<-->	e7	4.263	.014
e2	<-->	e14	4.962	-.012
e2	<-->	e1	43.793	.038
e3	<-->	e33	4.565	-.018
e3	<-->	e25	4.738	.013
e3	<-->	e6	4.342	.013
e3	<-->	e11	4.151	-.012
e3	<-->	e13	4.835	.012
e3	<-->	e1	4.117	-.012
e4	<-->	e31	4.585	-.014
e4	<-->	e1	23.314	-.029

续表

路径			M.I.	Par Change
e4	<-->	e2	8.884	-.014
e4	<-->	e3	12.961	.017
e5	<-->	e24	7.978	.022
e5	<-->	e2	13.055	-.021
e5	<-->	e4	30.297	.034

3.5.3 模型假设验证和拟合检验

针对前文提出的假设进行模型验证，由表 3.8 可知，H1 至 H10 的 P 值均在 0.05 之下，说明结构模型的各条路径显著，因此本书提出的原假设均成立。

表 3.8 假设检验结果

原假设	Estimate	S.E.	C.R.	P	标准化系数	检验结果
H1	.367	.092	4.010	***	.226	成立
H2	.132	.041	3.193	.001	.180	成立
H3	.501	.150	3.344	***	.199	成立
H4	.240	.069	3.466	***	.211	成立
H5	.539	.126	4.284	***	.259	成立
H6	.263	.059	4.435	***	.280	成立
H7	.249	.071	3.512	***	.215	成立
H8	.119	.033	3.655	***	.229	成立
H9	.278	.053	5.269	***	.324	成立
H10	.640	.124	5.175	***	.337	成立

由表 3.9 可以看出,模型并不存在负的误差,标准化系数均小于 1,因此,模型并未出现违反估计的现象。

表 3.9 误差方差表

	Estimate	S.E.	C.R.	P
RZ	.130	.018	7.251	***
WH	.060	.011	5.496	***
QD	.238	.029	8.331	***
FZ	.041	.008	4.849	***
e33	.214	.024	8.904	***
e34	.043	.007	5.749	***
e35	.165	.021	8.064	***
e5	.117	.011	11.140	***
e4	.054	.007	7.854	***
e3	.061	.007	8.443	***
e2	.089	.009	10.181	***
e1	.155	.014	10.913	***
e14	.113	.010	11.755	***
e13	.120	.011	11.089	***
e12	.095	.010	9.456	***
e11	.075	.010	7.142	***
e10	.126	.013	9.378	***
e19	.130	.012	11.121	***
e17	.091	.009	10.061	***
e16	.106	.011	9.423	***
e15	.129	.013	9.556	***

续表

	Estimate	S.E.	C.R.	P
e9	.099	.008	11.768	***
e8	.100	.009	10.773	***
e7	.055	.011	4.860	***
e6	.119	.014	8.251	***
e20	.101	.013	8.035	***
e21	.133	.013	10.036	***
e22	.094	.010	9.166	***
e23	.100	.009	10.906	***
e28	.105	.009	11.843	***
e27	.129	.012	11.054	***
e26	.092	.009	9.880	***
e25	.131	.013	10.122	***
e24	.082	.013	6.545	***
e29	.111	.013	8.526	***
e30	.099	.012	8.336	***
e31	.123	.012	10.621	***
e32	.096	.009	10.534	***
e18	.100	.009	10.638	***

3.5.4 模型修正

上文提到，根据 Amos 提供的修正系数 MI，选取较大的修正系数对模型进行修正。在模型中建立 e1<-->e2、e8<-->e9、e12<-->e13、e13<-->e14 四条相关关系，调整后的拟合指标见表 3.10，可见各项指标均达到标准。

表 3.10　修正后的拟合分析结果

指标	CMIN/DF	GFI	RMR	RMSEA	NFI	RFI	IFI	TLI	CFI
结果	1.277	.906	.011	.029	.910	.900	.979	.976	.979
标准	<3,越小越好	>0.90以上	<0.05	<0.05	>0.90以上	>0.90以上	>0.90以上	>0.90以上	>0.90以上
符合程度	符合	符合	符合	符合	符合	符合	符合	符合	符合

修正后模型的路径参数估计如下所示,根据表 3.11 可以看出,模型具有良好的拟合度,数据与模型之间具有良好的配适度,可以在此基础上进行结果分析。

表 3.11　修正后的路径参数估计表

路径			Estimate	S.E.	C.R.	P	标准化系数
YY	<---	RZ	.343	.088	3.908	***	.219
DJ	<---	RZ	.134	.040	3.373	***	.191
YY	<---	FZ	.565	.168	3.355	***	.202
DJ	<---	FZ	.262	.077	3.390	***	.209
YY	<---	WH	.616	.143	4.311	***	.268
DJ	<---	WH	.285	.067	4.275	***	.276
YY	<---	QD	.253	.071	3.583	***	.219
DJ	<---	QD	.123	.033	3.779	***	.237
XW	<---	YY	.274	.053	5.203	***	.320
XW	<---	DJ	.650	.125	5.197	***	.341
RZ4	<---	RZ	1.186	.079	15.037	***	.878
RZ3	<---	RZ	1.172	.079	14.834	***	.864
RZ2	<---	RZ	1.087	.079	13.704	***	.796

续表

路径			Estimate	S.E.	C.R.	P	标准化系数
WH4	<---	WH	1.426	.114	12.493	***	.710
WH3	<---	WH	1.687	.159	10.612	***	.802
WH2	<---	WH	1.990	.180	11.058	***	.873
QD4	<---	QD	.714	.051	13.906	***	.740
QD3	<---	QD	.770	.052	14.812	***	.779
QD2	<---	QD	.927	.060	15.529	***	.811
FZ4	<---	FZ	1.000				.539
FZ3	<---	FZ	1.480	.143	10.353	***	.686
FZ2	<---	FZ	2.286	.240	9.526	***	.891
FZ1	<---	FZ	2.314	.246	9.423	***	.805
YY1	<---	YY	1.000				.872
YY2	<---	YY	.867	.050	17.243	***	.802
YY3	<---	YY	.836	.045	18.420	***	.839
YY4	<---	YY	.620	.040	15.344	***	.741
DJ5	<---	DJ	1.000				.617
DJ4	<---	DJ	1.438	.138	10.443	***	.713
DJ3	<---	DJ	1.685	.146	11.534	***	.815
DJ2	<---	DJ	1.876	.166	11.325	***	.795
DJ1	<---	DJ	2.391	.196	12.223	***	.904
XW1	<---	XW	1.000				.824
XW2	<---	XW	.970	.062	15.753	***	.830
XW3	<---	XW	.750	.056	13.404	***	.718
XW4	<---	XW	.676	.050	13.562	***	.725
RZ5	<---	RZ	1.000				.725
RZ1	<---	RZ	1.173	.093	12.557	***	.732

续表

路径			Estimate	S.E.	C.R.	P	标准化系数
QD5	<---	QD	.710	.055	12.850	***	.693
QD1	<---	QD	1.000				.805
WH5	<---	WH	1.000				.590
WH1	<---	WH	1.977	.185	10.658	***	.807

3.5.5 模型分析

1)因子间效应分析

在进行模型修正之后,根据效应分析表 3.12—表 3.14 可以得到如下结果:

表 3.12 标准化直接效应

变量	经济发展水平	政策法规	文化氛围	个体心理认知	参与动机	参与意识	有序参与行为
参与动机	.209	.237	.276	.191	.000	.000	.000
参与意识	.202	.219	.268	.219	.000	.000	.000
有序参与行为	.000	.000	.000	.000	.341	.320	.000

表 3.13 标准化间接效应

变量	经济发展水平	政策法规	文化氛围	个体心理认知	参与动机	参与意识	有序参与行为
参与动机	.000	.000	.000	.000	.000	.000	.000
参与意识	.000	.000	.000	.000	.000	.000	.000
有序参与行为	.136	.151	.180	.135	.000	.000	.000

表 3.14 标准化总效应

变量	经济发展水平	政策法规	文化氛围	个体心理认知	参与动机	参与意识	有序参与行为
参与动机	.209	.237	.276	.191	.000	.000	.000
参与意识	.202	.219	.268	.219	.000	.000	.000
有序参与行为	.136	.151	.180	.135	.341	.320	.000

(1)直接影响

个体心理认知对参与主体的参与动机和参与意识均有正向影响作用,个体心理认知对参与意识的标准化直接影响系数为0.219,个体心理认知对参与动机的标准化直接影响系数为0.191;文化氛围对参与意识的标准化直接影响系数为0.268,对参与动机的标准化直接影响系数为0.276;政策法规对参与意识的标准化直接影响系数为0.219,对参与动机的标准化直接影响系数为0.237;经济发展水平文化氛围对参与意识的标准化直接影响系数为0.202,对参与动机的标准化直接影响系数为0.209;参与意识对有序参与行为的标准化直接影响系数为0.320;参与动机对有序参与行为的标准化直接影响系数为0.341。

(2)间接影响

个体心理认知对有序参与行为的标准化间接影响系数为0.135,文化氛围对有序参与行为的标准化间接影响系数为0.180,政策法规对有序参与行为的标准化间接影响系数为0.151,经济发展水平对有序参与行为的标准化间接影响系数为0.136。

(3)总体影响

总体影响为标准化直接影响和标准化间接影响的加总,个体心理认知对有序参与行为的总影响系数为0.135;文化氛围对有序参与行为的总影响系数为0.180;政策法规对有序参与行为的总影响系数为0.151;经济发展水平对有序参与行为的总影响系数为0.136。参与意识对有序参与行为的总影响系数为

0.320,参与动机对有序参与行为的总影响系数为0.341。

从表3.12—表3.14可以看出,文化氛围对参与意识和参与动机的影响最为明显,影响系数分别为0.268和0.276,体现出媒体对于公众的参与意识和参与动机起着十分重要的作用;政策法规对参与意识和参与动机的影响为其次,影响系数分别为0.237和0.268,说明政府制定的相关法律法规和政策对于公众的参与动机与参与意识产生了一定影响,具有正向作用;经济发展水平对公众的参与意识和参与动机也有一部分影响,但是并没有前两种因子突出,说明经济发展水平对公众参与行为的影响是潜移默化的,通过经济发展带动的基础设施建设的提升,是经济发展水平影响公众参与行为的主要途径;个体心理认知对于参与动机的影响最小,但是其对于参与意识的影响作用并不能被忽视,公众的自我效能和政府责任感的提高必然会带来参与意识的增强。

根据上述分析可知,公众有序参与行为会受到四个自变量——“文化氛围”“经济发展水平”“个体心理认知”“政策法规”影响,因此这四个变量是公众有序参与行为的重要影响因素,并为后续有针对性地提出对策建议提供参考。

2)相关性结果分析

图3.11为修正后的模型路径图,选取四个自变量分别为“文化氛围”“经济发展水平”“个体心理认知”“政策法规”,将“有序参与行为”作为因变量,将“参与动机”和“参与意识”作为中介变量。

从模型路径中可以得出各变量间相关关系如下:

①“个体心理认知”“文化氛围”“政策法规”和“经济发展水平”四个自变量之间的皮尔森相关系数最高为0.32,最低为0.13,均小于0.7,说明自变量之间不存在高度的共线性,各自独立。

②“参与意识”和“参与动机”与“有序参与行为”相关,对“有序参与行为”均有较大的直接正向影响作用。

③“个体心理认知”“文化氛围”“政策法规”和“经济发展水平”均与“参与意识”相关,通过“参与意识”对因变量“有序参与行为”产生间接影响。

④“个体心理认知”“文化氛围”“政策法规”和“经济发展水平”也均与“参与动机”相关,通过“参与动机”对因变量“有序参与行为”产生间接影响。

⑤“个体心理认知”因素更多地通过“参与意识”影响“有序参与行为”,而“文化氛围”“政策法规”和“经济发展水平”通过“参与动机”对“有序参与行为”的影响更多。

从图 3.11 可以看出各个变量存在以下关系:

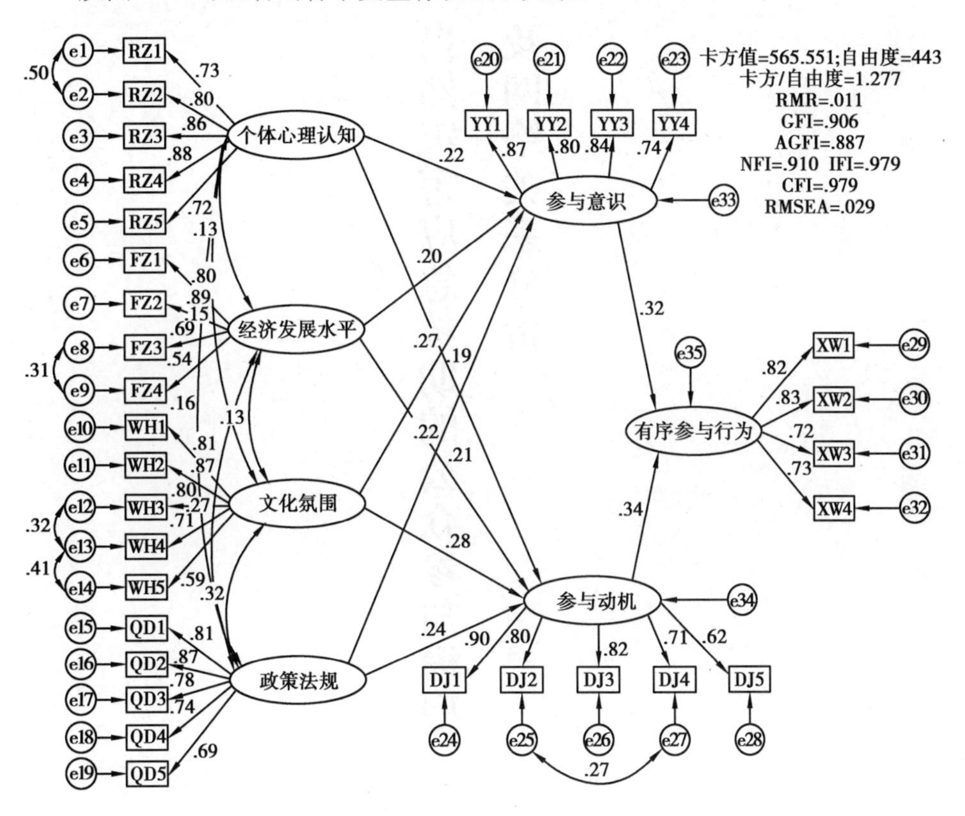

图 3.11 修正后的公众有序参与应急救助影响系数因素关系模型

4 自然灾害应急救助的公众参与模型及网络关系分析

4.1 公众参与模型的演进

20世纪下半叶,占据管理与治理理论最重要地位的思想就是公众参与思想。公众参与的方式、参与的程度、参与的频率和参与的时间等问题是公众参与研究中的热点和难点,当前国外关于公众参与模型主要有以下几个。

4.1.1 安斯坦公民参与模型

20世纪50年代,随着美国持续扩张其国家职能,公民们所获关注度日益提高,部分学者认为公众参与的研究从此开始。1969年,谢里·安斯坦(Sherry Arnstein)发表了一篇文章《公民参与的阶梯》,其中根据权力分配的不同把参与形式分成了三大类、八个形式,同时根据公民是否具有决策权力来判断公民的参与程度[161]。通过操纵以及治疗等方式,掌权者实现教育参与者的目的,安斯坦将这样的类型划分到非参与的范畴。采用告知、咨询、安抚等方式来传达信息给参与者,安斯坦将这些类型划分到公民参与的范畴,如图4.1所示。

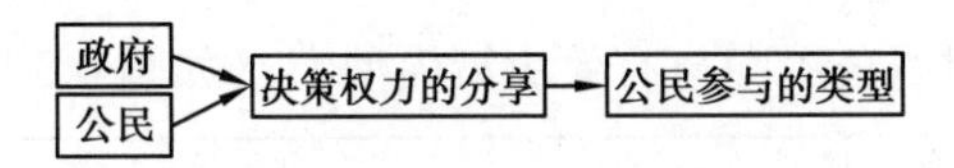

图4.1 安斯坦公民参与模型

安斯坦创立的参与阶梯理论,丰富了社会参与途径以及方式,为相关研究提供了更多的研究思路,在该领域研究中具有重大影响力,被广泛应用到全球各地的研究中。

4.1.2 公民参与修正模型

英国的安德鲁·弗洛伊·阿克兰于2009年总结了安斯坦的相关理论,同时进行了完善,使得该理论能够更加有效地被运到实际中。他提出参与层次包括:信息交流、咨询、参与、合作以及授权决策[162]。阿克兰将安斯坦的理论作为基础提出了“2009公民参与的阶梯”模型。阿克兰有两方面创新:①根据公民参与决策程度的不同来划分公民参与类型,这样的划分方式能够更加合理地展现公民参与和公民共享决策权由低到高的发展过程;②引入第三方视角来剖析公民参与阶梯,将公民参与过程、程序和决策质量作为研究的重点,如图4.2所示。

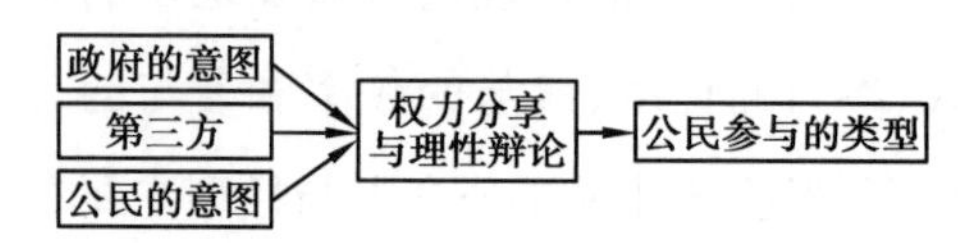

图4.2　阿克兰的公民参与修正模型

4.1.3　公民参与有效决策模型

安斯坦以及阿克兰的研究都主要着眼于划分公民参与类型,没有从决策者的角度来研究公民参与,没有着眼于公共管理者在实际操作中要按照什么样的标准选择公民参与的方式。结合公共管理的有关案例我们可以了解到,在真正进行公共决策的时候,公民参与程度与决策成效之间并不存在必然的联系,只有选择合适的公民参与方式才能够使决策取得最大成效。约翰·克莱顿·托马斯研究分析了这个现象,同时提出了相应的对策。他主要是从公共管理者的层面进行研究,构建了公民参与有效决策模型[107],如图4.3所示。

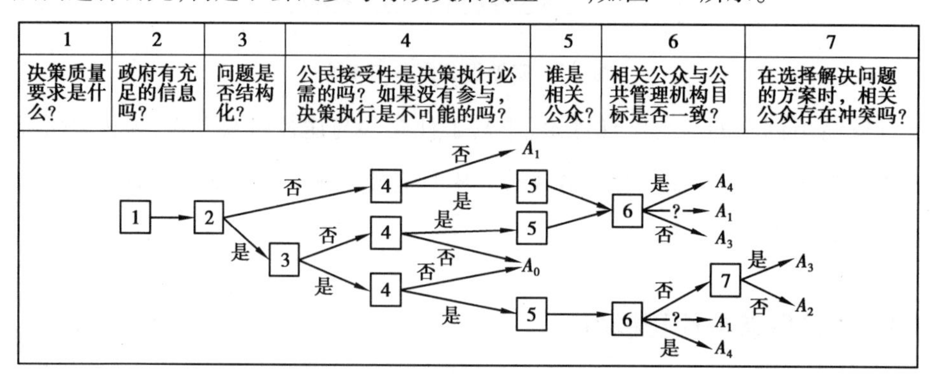

注:A_0:自主式管理决策;A_1:改良式自主管理决策;A_2:分散式公民协商决策;A_3:整体式公民协商决策;A_4:公共决策

图4.3　托马斯公民参与有效决策模型

从 A_0 到 A_4，公民参与的层次逐渐上升，公民决策过程中权力的分享程度越来越高，这与公众参与国际协会定义的公民参与有点类似，公民从原来的被通知到最后共同决策，在政府决策中公民的参与感增强，同时也大大提高了公民的地位。一个好的公共决策，并不是越多的公民参与越好，公共决策最终的目的是能够高效地制定出高质量的政策并能够顺利执行，而不是更好地分享权力。

托马斯还在理论层面上探讨了社会参与的形式和途径。他以“政策质量”和“增强政策的可接受性”为目标划定了社会参与的具体途径。一是以获取信息为目标的社会参与途径，如关键公众接触法、由公民发起的接触、公民调查、新的通信技术如交互式电视等；二是以增进政策接受性为目标的社会参与，主要途径有公民会议、咨询委员会、斡旋调解等；三是其他社会参与的新形式，如申诉专员和行动中心、共同生产、志愿主义、决策中制度化的公民参与等。

4.2 公众参与模型的本土化构建需求

我国学者对公众参与的有效决策模型进行研究后，指出该模型很多方面和我国的国情不符合。该模型着眼于政府应该通过什么样的方式以及在什么时间来吸引公民参与的问题，要采用该模型必须要符合一定的条件，那就是存在具有责任心的政府、积极的公民以及多样化的参与机制。现阶段这些条件在我国都不具备，公共管理者和学者并没有就公民参与的必要性达成共识[163]。

托马斯创立的模型理性剖析了公众参与的优缺点，为公共管理者制定不同政策时选择不同的公民参与方式提供了指南。有效决策模型虽然集成了很多相关的研究成果，但是在怎样进行“有效参与”方面并没有提供比较满意的解决方案。第一，模型采用自上而下、一维、单向的决策方式，而公共参与往往是自下而上的决策方式。第二，模型在构建的过程中没有将参与环境纳入到考虑范围中，参与环境指各种制度和非制度保障。第三，模型虽然考虑了参与程度，但没有详细论述,更没有制订相应的标准来判断参与程度,同时缺乏提高参与程度的建议。第四,模型将参与有效性分为了两个层面,但是对于参与结果评估方面没有进行分析和讨论,无法提升参与的质量和水平。换句话说,这个模型属于静态的封闭系统。因此,它不能完整地回答公众如何参与才能实现有效参与,如何参与才能产生更具科学性和民主性的公共决策。

西方国家的参与式民主已经有了50多年的历史,公民参与公共决策属于常见的行为,这些国家在公民参与方面已经建立了很多的制度和规定。同时,参与式民主、强势民主、协商民主等有关民主的理论推动了公民参与的进步和完善。公民参与的实际实施方式多种多样,公共调查、公民论坛、公共辩论、市民陪审团等都属于公民参与的方式。

我国公民参与发展程度还不高,但近几年逐渐受到党和国家的重视,在党的十六大、十七大、十八大中都将公民参与作为主要的议题,在政治行政制度建设和发展中具有重要的地位。根据现阶段我国的公民参与需求,我国地方政府部门不合理决策导致冲突出现的情况时有发生,很多群体性事件爆发,推动了公民参与制度的构建和优化。我们根据目前的情况可以了解到,虽然地方政府部门采取多种方式来构建公民参与的制度,但是没有取得相应的成效,没有建立成熟完善的公民参与制度。

国家和地方政府十分重视公民参与的发展,新闻舆论也在推动该领域的进步,但是我国公民参与程度还是没有得到很好的发展,在实际操作中,公民能够共享权力的情况十分少见。根据《中国政治参与报告(2015)》中展示的数据我们可以看出,目前我国公民参与政府决策的程度并不高,统计数据显示,公民在政府决策过程中的“政策内容认知”比例为46.40%,“政策过程认知”占比43.67%,但是“实际政策参与”只有11%的比例,而实际参与是判断公民参与制度发展情况的主要标准[164]。

将公众参与引入到自然灾害应急救助的主要目的是优化资源配置,提高应急救助效率,降低人员伤亡和财产损失。以这个为判断标准,我国建立的公众参与制度还不够完善。很多公众参与案例比较孤立,没有形成完整的系统;存在参与制度设计不科学、形式主义等问题。目前,我国公众参与制度还要不断进行优化从而适应社会需求,需要本土化的自然灾害应急救助公众参与模型。

4.3　公众参与模型的本土化构建

4.3.1　构建原则

实现有效参与是公共参与模型本土化构建的根本原则,要结合我国的实际情况来优化完善该模型,从而提高我国公民参与的有效程度。想要实现有效参与需要满足以下的条件:①有关信息开放;②参与渠道畅通并且可及;③制订科学的参与方式;④公众能够对某些决策方案进行评价;⑤政府采纳公民意见并且具有高效能的特点;⑥参与具有积极影响性。

托马斯指出高效能政府必须满足以下条件:①预先判断问题以及定义问题,不是出于外界的压力寻找问题;②明白公众参与的意义;③树立起分享决策权力的意识;④预先明确公民参与决策的范畴;⑤制订合理的参与方式;⑥构建起便捷有效的信息反馈体系;⑦关注公共利益的变化;⑧接受失败并能够总结经验。

同时,基于本土化环境完善公众参与模型有助于解决公众参与实践中的难题。现阶段,绝大部分的管理以及治理理论都将公共参与作为一项重要的内容,但是何时参与、参与方式、参与程度等问题一直是探究的焦点和难点。在实践中人们面临的公众参与难题包括:①公众的政治冷漠,因为公共决策的结果是面向社会大众的,所以很多人不用付出努力就可以享受成果,这就使得积极参与的公民受到打击,降低了参与热情;②增加管理者工作的负荷,公共管理者为了安排公共参与要进行很多准备工作,面临着更大的工作压力,比方说沟通不畅导致成本增加,影响了应急管理的成果;③公众由于受教育程度的不同以及自身的差异等,没有相应的知识储备,使得应急救助的成本攀升,公众在筹集资源、合作交流、组织联盟等方面能力有限，这是我国公众参与实践中出现的问题。

此外，在优化有效参与模型的时候还要和自然灾害救助过程保持一致，并将之视为一个可循环、不断修正、不断更新的动态模型。

4.3.2 公众参与模型的总体六维框架

根据有效参与的实现要素和解决参与实践中难题的要求，本土化的公众参与模型所需具备的条件可融合到参与目标、参与主体、参与形式、参与程度、参与环境、参与结果等要素中。因此，模型引入参与主体、参与领域、参与方式、参与程度、参与保障、参与效率六个维度，从而与公众参与的核心 $5W_s2H_s$（即参与什么、为什么参与、谁参与、什么时候参与、在哪参与、怎么参与、效果如何）相契合。其中，相关政策、经济和文化是保障，也是参与的基础环境，参与效率评估则是采取纠偏措施的依据。公众参与模型的总体六维框架如图 4.4 所示。该模型架构展现了一般决策具有的基本职能，同时还结合了公众参与的特征。

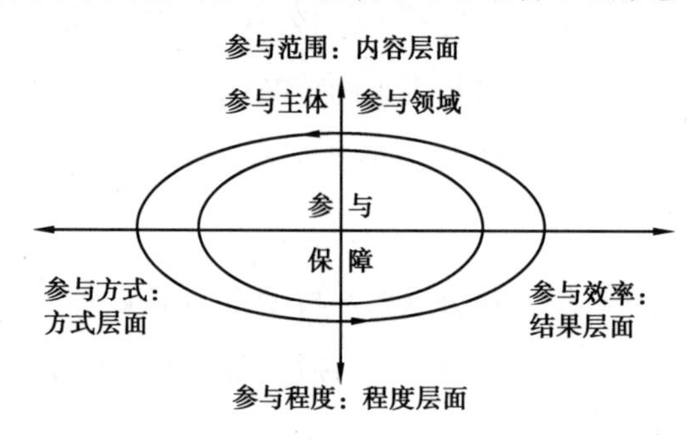

图 4.4 公众参与模型的总体六维框架

1）参与范围

参与范围包括参与主体和参与领域。参与主体是指"谁参与"的问题。公众参与的主体是指 2.2.1 所述的主体：非政府组织、普通公众个体、专业人士、企事业单位。要想提升参与有效性，就要在参与主体方面做努力：审慎确定参与主体；建立和完善沟通表达机制；激发和鼓励参与主体的意识、态度和意愿；提升参与主体的能力和素质。

参与领域涉及的是“参与什么”的问题,它在具体的参与过程中指参与事项,具体事务内容根据情景确定,当然还可以根据自然灾害种类确定参与领域。

2)参与方式

参与方式回答了“怎样参与”的问题。参与目标、参与环境以及参与程度都对参与方式的选择有影响。按照不同的划分依据,可以将传统参与方式划分为三种:首先是将参与目的作为参照标准,托马斯按照公众参与想要实现目标的差异提出不同的参与方式,同时保持参与目标和参与方式的适应性;其次,将参与程度作为参照标准,这种方式主要是按照社会参与阶梯理论的基本观点来进行,托马斯在创立的模型中提出了五种管理决策分类以及三种参与方式,分别是告知型、积极参与型以及咨询型;最后是将参与主动性作为参照标准,划分参与方式包括建议式、对抗式、录用式以及志愿式参与。这样的分类依据展现了公众参与从被动过渡到主动、从单一走向多元的发展历程。要不断优化参与方式进而实现有效参与,此外,在选择参与方式时要考虑不同参与主体的特点,避免形式主义。因此,本书根据自然灾害应急救助的特点,结合参与目标与参与范围的考量,提出四种公众参与方式,具体参见4.4.2。

3)参与程度

参与广度以及深度可以展现参与程度的情况。参与广度体现了参与途径的丰富性和参与主体的广泛性。它主要有两方面的内涵:首先,参与广度的含义是现实参与的公众数量在社会成员总数中的比重;其次,参与广度的含义也包括公众在实际参与中使用参与方式以及参与途径的情况,即公众会倾向于一种方式和途径,还是会结合不同的方式和途径参与应急救助。参与深度是指公众参与对自然灾害应急救助的影响程度,它包括两方面内涵:首先是参与层次,指的是公众参与“能够达到的权力等级直接影响参与目标的实现程度”[165];其次是指公众参与的积极性以及充分程度,即参与主体是否了解其参与事务的过程以及决策的有关信息,公众参与能不能使得受灾群众的生活得到改善。参与程度依据参与目的以及细化的参与事项确定。

4)参与效率

参与效率指参与有效性的实现程度。按照评价结果来改正问题,这样能够使得模型在操作过程中不断进行优化,推动了决策者改进公共参与方式以及流程,完善参与行为,规范应急管理的途径和方式。所以,要构建参与效率评价机制,对参与效果进行评价和总结,推动参与效率的提升。从两个层面来评价参与效率,包括自然灾害应急救助是否顺利以及公众参与自然灾害应急救助的效果如何。[61]

5)参与保障

公众参与能够在实际操作中取得一定成效,就必须建立起配套的制度,同时还要获得非制度因素的支持。参与保障指的是公众参与面临的外部环境,保证了公众参与能够按照计划进行。为公众参与应急救助提供的基础性制度、程序性制度和支持性保障包括政治环境、经济环境和文化环境。它们都是公众参与保障体系的组成部分,连接了公众参与需要的社会要素、社会制度以及社会资源,推动了公众的有序参与行为。

4.4 "P-A-D-M"公众参与模型

4.4.1 "P-A-D-M"公众参与模型设计目的

公众参与包含了三种重要的民主价值观:公众参与的合法性、有序性和有效性。在自然灾害应急救助过程中,"P-A-D-M"公众参与模型——"P(参与主体 Participants)-A(参与领域 Participation Areas)-D(参与程度 Participation Degree)-M(参与方式 Participation Mode)",其设计目的就是从参与主体、参与领域、参与程度与参与方式四个方面共同提升公众参与的民主价值观和应急救助效果,最大化实现公众参与过程的合法性、有序性和有效性。

1)合法性

现阶段,公众还没有充分意识到自然灾害的危害性,没有树立起危机意识,导致这个现象出现的原因主要是没有广泛普及灾害救助知识。有关数据统计显示:认为有必要掌握自然灾害知识的公众占比81%;认为无所谓的公众占比19%。对于前者进行细分得到:偶尔学习的占比53%;不主动学习的占比36%;经常学习的占比只有11%[166]。

因此在发生自然灾害的时候,公众不能积极投入到救灾活动中,相反还可能延缓灾害救助进度。灾害发生后,政府通常都是自然灾害应急救助的主体,部分公众没有树立起相应的救灾和防护意识,在进行应急管理的过程中不主动,缺乏热情,自救技能程度低。例如,第8号超强台风“桑美”于2006年8月5日登陆我国温州,造成了巨大的损失,很多地方农田被淹、民宅倒塌、电力通信中断。台风波及了8个县(市、区),席卷了132个乡镇,影响了17 417万人的生活,摧毁了7 300间房屋,损害农作物面积为1 199万 m^2,造成了117亿元的直接经济损失[167]。这次台风灾害暴露出公众参与能力和参与意识不足,缺乏防灾救灾经验。

现阶段我国还没有建立完善的自然灾害应急管理法律法规体系,甚至个别灾种立法还存在空白,因此,我国将自然灾害应急管理作为重要的立法方向,不断优化现行法律法规体系。目前,我国应对各类突发事件的法律法规和部门规章有200多部,国家出台了《中华人民共和国防洪法》《中华人民共和国戒严法》以及《中华人民共和国防灾减震法》等相关法律法规。但这些法律法规也存在一定的弊端,比如实施方案较为粗略、管理型较强、内容较为抽象等,进而对政策的实施产生不利影响[168]。

《中华人民共和国突发事件应对法》中明确表示:一旦发生突发事件,政府应当在第一时间实施应急管理方案,公民应当听从政府的一切安排,积极主动投身到应急救援工作中,同时协助相关人员一同维持秩序,确保社会稳定性。

一旦某些公民违反规定,不服从政府或相关部门指令,应当对其进行惩处,如若对他人的财产和个人安全造成危害,需要依照法律条例承担民事责任[168]。然而此项法律并没有明确指明公民需要承担哪些具体责任,可见政府对公众参与不够重视。政府的相关制度没有对公众产生约束,因此涉及公众参与应急救助的相关法制与实践需求之间存在较大的差异性,公众参与缺乏合法性,反映了随意性和无序性。一旦发生灾害事件,绝大多数公众都会不由自主地产生焦虑、害怕的情绪,在此种不良情绪的引导下,公众极有可能采取非理性的抗灾行为。特别是在应对自然灾害时,经常会出现政府播报实际灾情较为缓慢、虚假信息肆意流传的现象,将会使得公众对政府失去信心,做出不理智行为,例如,与政府发生冲突,散布谣言等。这些非理性行为,将会对救援工作产生不利影响,甚至破坏社会稳定。

在"P-A-D-M"公众参与模型中,通过对参与主体、参与领域、参与程度、参与方式四个方面的研究来改变、扩大并重构公众参与立体结构,力图实现公众参与机制的优化与升级。此种参与机制能够拉近公众、政府和法律之间的距离,确保公众参与自然灾害应急救助工作的合法性。

2)有序性

在中国,公众在参与自然灾害应急救助时大部分人都表现出随意性与无序性。随意性指群体行为处在不断的变动过程中,无法维持其稳定性。此种表现通常和外界因素有关,也和本人非理智的心态密不可分[125],虽然公众的数量庞大,但是缺乏系统化管理。通过调查结果可知,只有2%的公众是有组织归属的,属于志愿者组织成员,而绝大多数志愿者以社区居民的身份参与应急救助工作。社区范围内缺乏应急救助机制,没有制度保障,当发生自然灾害时,社区居民是否参加显得不那么重要,社区组织参与应急救助缺乏一定的系统性,无法真正发挥自身价值。

除此之外,公民在参与时也表现出无序性。目前我国发生自然灾害的频率较高,公民在参与灾害救援时和当前时代脱节。自然灾害发生以后,部分民众以志愿者的身份前往灾区一线进行救援,但是作为一位合格的志愿者,不但要具有一定的热情,更重要的是能够冷静思考并拥有专业素养。大部分志愿者并没有重视下列问题:你具备一定的自救技能吗?你能否控制好自己的情绪状况?你自身具备哪些优势?你能否坚持长时间的救援?你的团队精神怎么样?根据中国社会工作联合会提供的数据可知,61%的志愿者被认为没有起到实质性的作用。

“P-A-D-M”公众参与模型中,在参与主体的界定方面,通过将一些决策权移交至公众手中,确保救援工作的公正性。通常状况下,参与机制对决策者的范畴进行调整后能够有效提高合理性。此模型中,参与主体由非政府组织不断扩大至志愿者、企事业单位以及专家等领域,对于人力、物力、财力根据实际需要合理化配置,公众和政府加大合作力度从而协同完成救助工作,不但能够确保公众参与欲望得到满足,对于自然灾害应急救助措施的制订、执行、反馈和评估都会产生积极影响,又有利于政府与公众间建立信任和合作,最终使公众参与能有序开展。在参与程度上,要想真正提升参与过程的合理性和科学性,需要将决策权移交至参与者。“P-A-D-M”公众参与模型,从一开始公众的被动参与,只进行“信息提供”,发展至后来不同主体之间达成合作关系,逐渐构建有序参与过程。

3)有效性

在发生自然灾害的初始阶段,获取信息的渠道较少,由于信息无法及时传递,公众很容易产生焦虑和紧张感,同时在社会中流传的不实信息将会逐渐被大众认可,公众无法时时掌握灾害的真实状况,因此无法判断自身行为的准确性和实用性,从而对自然灾害的救助情况产生一定程度的不利影响。公众大部分都是普通群众,个人受教育程度和所处的社会阶层等存在较大的差异性,不具备专业知识从而无法精准地判断和识别相关风险,在参与救助工作中可能会出现志愿失灵。

第一,由于志愿者不具备专业知识和技能,在救助工作中无法发挥个人价值,所谓心有余而力不足。比如,新闻多次报道地震发生后,由于没有系统化地组织协调工作,大量的志愿者奔赴灾区,造成道路拥堵,影响了救助工作的正常进行。第二,大部分志愿者没有接受过专门的培训,不了解救助工作的具体流程,只是怀揣着一腔热血盲目奔赴灾区,在实际救助工作中没有提供实质性帮助,并且还占用了场地和物资。第三,志愿者组织应当多元化,但志愿者在实际工作中往往从利益和偏好出发,根据个人喜好去救助他人,导致志愿者组织没有顾全大局,救助工作的正常安排被打乱,资源分布较为零散,无法确保救助工作的多元化和全面化。第四,志愿者的救助行为通常出于自发性,如若自身的救援需求没有获得满足,很容易和政府产生冲突,进而关系逐步恶化。第五,各个志愿者组织相互间缺少沟通与协调,因此在实际救助工作中通常聚集在某一地区或针对某一群体进行救助,造成各志愿者组织救助行为与功能重叠甚至冲突,不能做到优势互补,并且浪费大量的人力和物力[46]。

"P-A-D-M"公众参与模型具备的优势为将政府拥有的权力移交至普通公众手中,共享权利。"P-A-D-M"模型弥补了传统公众参与模式的单一化、盲目性等不足,通过培养、教育以及沟通协商等方式倡导公众参与自然灾害应急救助,对公众实施科学合理的引导和管理,倡导公众顾全大局,科学分工,充分发挥自身优势,确保救助工作稳步进行。

4.4.2 "P-A-D-M"公众参与模型构成

根据公众参与模型的总体六维框架,公众参与包括参与主体、参与领域、参与程度、参与方式、参与效率、参与保障六个维度,其中参与效率是对公众参与自然灾害应急救助结果的评价,本书有具体的评估方法(具体见第5、第6章);参与保障为整个公众参与提供保障和支持,比较宏观,有专门的章节进行研究

(具体见第 7 章)。由此构建基于参与主体、参与领域、参与程度和参与方式的"P-A-D-M"公众参与模型,如图 4.5 所示。

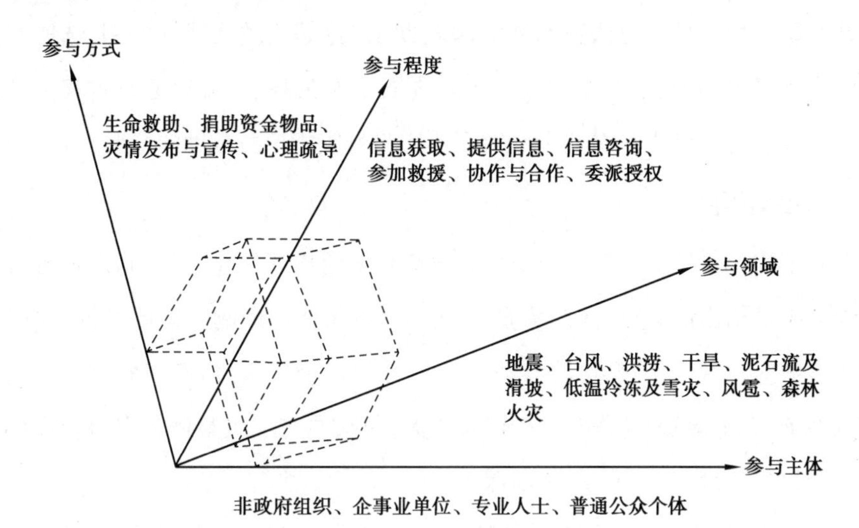

图 4.5　"P-A-D-M"公众参与模型

自然灾害应急救助的实质是以政府为主导,非政府组织、普通公众个体、专业人士和企事业单位通过计划、组织、实施等环节,共同提升应急救助效率的过程。"P-A-D-M"公众参与模型是一个反映自然灾害应急救助公众参与的立体、多维模型,丰富公众参与机制,对于解决自然灾害应急救助问题具有较强的适用性,旨在提升公众参与自然灾害应急救助的合法性、有序性及有效性。

1)参与主体

自然灾害应急救助公众参与的主体包括四种类型:非政府组织、企事业单位、专业人士、普通公众个体。对于参与主体在 2.2.1 中已经详细阐述,这里不再赘述。

2)参与领域

参与领域是公众参与应急救助的范围,2.2.2 中阐述了在自然灾害不同阶段应急救助具体的事物,由于所涉及的具体内容非常繁多,而且不同参与主体在自然灾害不同阶段救助时存在交叉重复的情况,很难确切辨识不同参与主体所做的具体应急救助工作,数据获取困难并且不准确,大大影响研究结果的可靠性和可信度,因此,本书转换角度,参与领域指自然灾害的种类,根据《中华人民共和国突发事件应对法》《自然灾害救助条例》等相关法律和条例,选取八种自然灾害类型:地震、台风、洪涝、干旱、泥石流及滑坡、低温冷冻及雪灾、风雹、森林火灾进行研究[169],分析公众对于不同自然灾害应急救助的情况。

3)参与程度

新英格兰市镇会议对于公众参与政策制定给出两极化结果:制定政策时参照参与人员给出的意见;参与人员对公共政策无任何影响。以此类推,并根据自然灾害应急救助实践,可将参与程度划分为六个层级:信息获取、提供信息、信息咨询、参加救援、协作与合作以及委派授权,参与层级整体表现为阶梯化形态,并且参与程度逐层递增,不断深入。

①“信息获取”。发生自然灾害后,公众和政府的首要工作是要了解灾情的真实状况,采取措施进行救援,这种情况下,主导权几乎全部掌握在政府手中,公众只能通过媒体或者政府相关部门了解灾害的真实情况,这时公众处于知情阶段。

②“提供信息”。绝大多数公众具有主动性、自觉性,会积极主动向媒体、政府等部门提供灾情有关的信息。该阶段融入了公众有意识的思考与参与,是其迈向主动参与的第一步。例如,在自然灾害发生之后,当事人以及周边的民众借助手机上传灾情发生的位置,也可以在微信、微博等新媒体上推送文字或者图片,向大众传送灾情的实时状况,同时这些分散、零碎的信息被整合与清洗,成为有效信息,为相关应急机构提供辅助决策。

③“信息咨询”。首先,公众能够从相关媒体、政府官网等社会化传播媒体了解自然灾害救助情况,积极主动向政府提供意见和建议。其次,政府可以通过网站投票平台等载体公开获取公众建议,为自然灾害应急救助措施的制订,以及相关法律政策的制定提供参考。最后,专业人士和有经验的非政府组织可以提供应急救助的参考建议以及相应指导,例如 2010 年“8.7”甘肃舟曲泥石流

自然灾害中,专业人士和经验丰富的非政府组织对救援工作提供了建议和指导,肩负“管理者”以及“领军人”的双重身份,起到了咨询作用[170]。

④参加救援。自然灾害发生后,以抢救灾民的生命为第一要务,非政府组织、志愿者、专业人士、企事业单位在第一时间奔赴灾区抢救灾民,进行生命救助以及心理救助,这是自然灾害发生之后的首要任务。根据调查结果可知,2010 年青海玉树地震,63.6%的公众投入到了抗震救灾中,36.4%的公众出于各种原因并没有参与到抗震救灾之中。其中高达 88%的公众属于自发参与救助,其余 12%的公众在被鼓励被号召情况下被动参与救助,说明现场救援是应急救助的重要形式[171]。

⑤协作与合作。在此阶段,应急救助中的各参与主体间建立了积极的伙伴关系。政府部门与非政府组织、企事业单位、公众个体为高效完成自然灾害应急救助及实现受灾群众整体利益进行协同与合作。例如,自然灾害发生后,非政府组织火速奔赴灾情现场进行救援,政府在选择合作对象时通常会考虑该类组织。在随后的救助工作中,非政府组织、企事业单位、志愿者为灾民提供最基本的生活保障物资,比如帐篷、食物、药品等,同时提供心理辅导。

⑥委派授权。公众获得相关权利,这是参与阶级中的最高级阶段。在这种状况下,政府将参与权更多地下放给公众,公众以独立思考的方式认知公众参与角色、地位、作用。例如,发生自然灾害后,非政府组织的捐赠管理、发布信息、财务管理以及决策管理等一系列自主控制机制,志愿者的心理辅导、引导舆论、信息沟通等自主控制机制,不仅是公众参与自觉性提升的具体体现,也是政府授权于公众的直接反映。

4)参与方式

程虹娟(2015)认为公众参与自然灾害应急救助的方式有救死扶伤、物资保障、维持秩序、环境保护、辅导学生、安全教育等[172]。杨安华(2017)指出公众参与方式有通过公益基金平台捐助、企业利用自己的物流网络、应灾产品、专业技术等进行救助[173]。张晓苏(2015)提出在自然灾害应急救助中,参与方式有搜救人员、医疗救治与卫生防疫、安置受灾群众、抢修基础设施、灾害评估、防范次生灾害、维护社会治安、社会动员、信息发布、涉外事务管理、指挥协调、恢复重建等[174]。马小飞(2016)指出在自然灾害救治阶段,公众主要是弥补政府救援力量的不足、组织社会进行捐赠捐献、对灾区群众进行心理救助[175]。本书通过分析已有研究,归纳总结得出自然灾害应急救助公众参与的方式主要有生命救助、捐助资金物资、灾情发布与宣传、心理疏导四个方面。

①生命救助。企事业单位、非政府组织和志愿者进入到灾区内部,对灾民开展搜救、清理废墟、畅通被阻断道路、物资的运输以及发放。

②捐助资金物资。在自然灾害发生后的短期时间内,许多有能力、有责任心的企事业单位、非政府组织以及民众伸出援手,尽自己所能向灾区提供基本的生活物资以及资金。一些非政府组织如中华红十字会等都组织各种募捐行动,向社会大众、企业职工等爱心人士进行物资的募捐。

③灾情发布与宣传。不可否认的是,一旦发生自然灾害,政府提供的灾情信息最具权威性。然而,随着新媒体的不断发展,发生灾情时,民众、非政府组织、企事业单位共同收集、整理和传递信息,保证灾情信息实时更新。公众能够通过微信、QQ、小视频等即时沟通软件来进行灾情发布与宣传。

④心理疏导。国家减灾委员会发布了《关于加强自然灾害社会心理援助工作的指导意见》,明确指出需要关注受灾人员的心理状况并提供帮助,创建适合本国的心理危机援助工作体系。社区、大众、志愿者、非政府组织广泛参与灾民心理干预辅导。

从图 4.5 可以看出,参与主体由单一政府向非政府组织、企事业单位、专业人士、公众个人扩展;参与程度由“信息获取”向“委派授权”逐渐加深;参与形式逐渐增多,涵盖生命救助、捐款捐物、信息发布、心理救助等内容;参与领域由单一灾种向多元自然灾害种类扩展。四条数轴处于不断变化之中,共同组成了公众参与的多元化、有深度、复杂性的立体空间模式。

传统参与模式是单维度的、不均衡的,在创建参与模式时主要以单一维度作为切入点,缺乏并行性、多维度和指向性。“P-A-D-M”公众参与模型主要由多维度数据构成,在设计模型时主要以立体化、全方位以及多角度作为切入点,将其创建为“多主体—大范围—深层次—广形式”的公众参与模型。

“P-A-D-M”公众参与模型超越了传统政府主导、集权式的自然灾害应急救助模式,将传统下的治理观念和参与理念进行优化调整,并考量参与领域、参与主体、参与方式以及参与程度的作用和地位。这不但能够将公众的参与行为进行整理和总结,而且能够对传统静态应急、单一主体的应急管理模式进行创新。

4.4.3　“P-A-D-M”公众参与模型的特点

第一,多维性。相较于传统模型,“P-A-D-M”公众参与模型突破了一维或者二维局限,该模型具备创新性和适用性。传统公众参与模型有的以参与主体为切入点构建单一维度的参与体系,有的关注参与程度上的单向线性发展,有的以参与方式和参与主体构建单一平面的参与体系,但是又缺乏两者的关联分析。因此,各个参与要素之间不具备协调性、融合性和协同发展性,导致公众参与自然灾害应急救助效率较低、缺乏有序性等。但是,“P-A-D-M”公众参与模型具有空间性、多维性和立体性,模型不受点线面的约束,从前后、左右、里外,全方位多角度对传统模型进行“立起来改造”,从而构建多维立体的“参与主体—参与领域—参与程度—参与方式”模型。

第二,整体性。站在宏观角度进行分析可知,“P-A-D-M”公众参与模型是由“参与主体—参与领域—参与程度—参与方式”所组成的“闭合立体空间”,四者缺一不可,共同构成一个整体,相互之间没有严格的主次划分;各要素从本质上来说属于“关系居间者”,学者哈贝马斯(Jürgen Habermas)认为其本质是“主体间性”。“P-A-D-M”公众参与模型构建离不开文化、体制、技术以及制度等方面的支持,探寻四个要素之间的统一和平衡,从而建立有序参与的应急救助范式。

第三,动态性。借鉴人际传播和关系传播流涉及的有关理论[176],“P-A-D-

M"公众参与模型中同样包含四维关系传播流:参与领域、参与主体、参与方式以及参与程度。其中参与主体维度是从政府主导到参与主体多元化的柔性传播的变化连续体;参与领域从单一自然灾害种类到多自然灾害种类过渡的统一体;参与程度维度包括政府与公众之间弱关系过渡到强关系的统一体;参与方式维度主要是指由单向流转移至双向流、再由双向流转移至多向流的系统化统一体。

第四,指向性。"P-A-D-M"公众参与模型根本目的是借助优化调整参与过程从而提高公众参与自然灾害应急救助的有序性和有效性。模型中各要素具有不同的目标。参与主体由政府权力主导转向企业、非政府组织、专家等多主体权力共享、协同合作的发展方向;参与程度由传统的政府单方面救助转向为公众参与委派授权;参与方式由单一救助向多元救助方式发展;参与领域由单一灾种向多元灾种过渡。因此,参与程度深入化、参与方式多样化、参与主体和参与领域多元化是实现自然灾害应急救助的基本目标。

综上所述,"P-A-D-M"公众参与模型是由具有紧密关联的各要素构成的有机整体,具有相同价值目标以及复合性关系。在这种复合性的关系中,追求公共利益和谐统一是实现自然灾害应急救助的内在要求。

4.5 自然灾害应急救助公众参与的网络关系分析

4.5.1 社会网络分析概述

1)社会网络分析基本概念

社会网络分析方法(Social network analysis)在研究社会网络过程中发挥不可替代的作用,主要被用作创建社会关系模型,对人员间的社会关系进行分析,分析其社会关系结构[177]。该方法将图论作为基础,采用量化分析模式,由节点和节点之间的关联性共同构成网络。作为节点的行动者间形成的关系主要包括朋友关系、上下级关系、喜爱关系、隶属关系等。根据社会行动者集合类型的数目构建的社会网络可以分为1-模网、2-模网以及隶属网络,隶属网络同时也属于一种特殊的2-模网络。

2)社会网络分析测度指标

(1)网络密度

网络密度是指网络中包含的不同节点成员之间关联的紧密状况,能够测量不同节点间的联结程度。网络密度数值的计算方式为实际关系数和可能存在的关系数之间的比值。数值大于0小于1,数值越逼近1表明关系越紧密,此网络对行动者的行为和态度影响越大。

(2)中心性

当前社会网络分析的研究重点为中心性,通过中心性分析可以了解节点在相应的社会网络中具备何种权力,所处的地位如何。采用点的中心度和图的中心势两个指标进行测量。点的中心度是对个体权力的量化分析,中心度指标有多种,包含中间中心度,接近中心度和度数中心度。度数中心度表示某一节点与其他节点之间直接交互的能力,如果大量节点与此节点直接连接,则表示该点具有较高的度数中心度,在团体中具有较高的影响力。中间中心度反映出节点对网络上各种资源的控制能力。接近中心度衡量的是某一节点与其他节点的接近程度。本书主要分析在网络中与较多节点直接相连的点,判断在网络中具有较高影响力的节点。因此,本书主要采用度数中心度对网络结构进行测度。

(3)核心—边缘

所有的网络都有两个不同的组成部分,分别是边缘区以及核心区。处在边缘区的节点之间的联系比较松散,而核心区的节点之间联系比较紧密,所以构成的网络是外松内紧的结构。通过核心—边缘计算可以了解各节点的地位是处于核心还是边缘位置。

3）社会网络分析工具

Ucinet、Netdraw、Pajek 等软件均可以进行社会网络分析[177-178]。Ucinet 为菜单驱动的 Windows 程序，可能是最知名和最经常被用于处理社会网络数据的综合性分析程序。它能够把处理的原始数据转化为矩阵格式，提供了大量数据管理和转化工具。该程序本身不包含网络可视化的图形程序，但可将数据和处理结果输出至 Netdraw、Pajek、Mage 等软件作图。Ucinet 软件弥补了 Netdraw、Pajek 等软件只能以图线表示网络而不能测度指标的缺陷，涵盖了一些基本的图论概念、位置分析法和多维量表分析法，导入软件的数据均是以矩阵的形式储存，通过对矩阵数据分析，直观地揭示研究对象间的相互关系。本书选取 Ucinet、Netdraw 作为社会网络分析的工具。

4.5.2 自然灾害应急救助公众参与网络的构建

1）问题描述

针对自然灾害发生后，公众参与自然灾害的灾中紧急救助阶段展开研究。采用社会网络分析方法构建出自然灾害种类与受灾省份、自然灾害种类与公众类型、公众类型与救助方式、自然灾害种类与救助方式四种网络模型。通过对网络模型的分析解决以下问题：分析我国易发生的自然灾害种类以及易受灾害影响的省份、确定公众参与救助较多的自然灾害种类、明确参与自然灾害应急救助的核心公众类型以及公众参与方式的种类。

2）数据获取

（1）数据获取依据

①年份、灾害种类。我国自然灾害种类繁多，选取我国常发生的地震、台风、洪涝、干旱、泥石流及滑坡、低温冷冻及雪灾、风雹、森林火灾八种自然灾害进行研究。此外，2008 年被称为“中国志愿者元年”，公众参与自然灾害救助开始受到广泛关注，因此选取 2008 年为起始年，终止年为 2017 年，选取十年的数

据对自然灾害种类与受灾省份关系进行研究。

②损失程度。全国每年会发生许多不同程度的自然灾害,无法对每一个自然灾害应急救助公众参与事件进行研究。为了使公众参与自然灾害应急救助的研究更全面,将房屋倒塌的数量、农作物受灾面积、造成的直接经济损失、人员的伤亡数量作为依据,根据受灾的严重程度,选取自然灾害造成损失严重的案例,在这类事件中,更能引起公众的关注并参与其中。以此对自然灾害种类、公众类型、参与方式之间的关系进行研究。

(2)数据获取来源

首先按照年份、灾害种类的数据获取依据,通过 2008—2017 年的中国统计年鉴、中国环境统计年鉴统计十年内各省份发生不同种类自然灾害的总数量,以此来构建自然灾害种类与受灾省份关系网络图。其次按照损失程度的数据获取依据,根据受灾的严重程度,选取人员伤亡数多、房屋倒塌数多、农作物受灾面积大、直接经济损失严重的案例进行分析。为保证不同种类自然灾害的一致性以及全面性,每种自然灾害各自选取 20 例事件(详表见附录 B)。通过中国地震台网、中国森林防火网、中国天气台风网、中国应急管理部官网、中国民政部官网、审计署官网、《中国减灾》杂志、中国红十字会官网、人民网以及新华网影响力较大的媒体发布的新闻资料、救灾专题对自然灾害发生一周内应急救助的数据进行汇总,并从中提取出参与救助的公众类型、参与方式、参与次数等有效信息。构建自然灾害种类与参与救助的公众类型、公众类型与采取的救助方式、自然灾害种类与公众采取的救助方式的网络模型。资料收集来源见表 4.1。

表 4.1　2008—2017 年相关资料查询数量

地震	中国统计年鉴(2008—2017 年)、中国环境统计年鉴(2008—2017 年)、中国地震台网报道 8 篇、中国地震局地震专题 57 篇、四川省地震局专题 7 篇、四川省地震局相关报道 102 篇、壹基金年度报告(2011—2017 年)、《中国减灾》(2008—2017 年)、中国红十字报(2008—2009 年)、慈济慈善事业基金会四川专案项目、慈济慈善事业基金会极难济助项目报告书(2014—2015 年)

续表

台风	中国统计年鉴（2008—2017年）、中国环境统计年鉴（2008—2017年）、中国天气台风网台风专题85篇、《中国减灾》（2008—2017年）、壹基金年度报告（2011—2017年）
洪涝	中国统计年鉴（2008—2017年）、中国环境统计年鉴（2008—2017年）、《中国减灾》（2008—2017年）、中国天气网洪涝专题3篇、壹基金年度报告（2011—2017年）、中华人民共和国水利部洪涝69篇报道
干旱	中国统计年鉴（2008—2017年）、中国环境统计年鉴（2008—2017年）、中国天气网干旱专题3篇、《中国减灾》（2008—2017年）、壹基金年度报告（2011—2017年）、中国民政部官网干旱报道8篇、中华人民共和国水利部干旱25篇报道
泥石流及滑坡	中国统计年鉴（2008—2017年）、中国环境统计年鉴（2008—2017年）、《中国减灾》（2008—2017年）、壹基金年度报告（2011—2017年）、中国民政部官网报道39篇、中国地质环境信息网地质灾害灾情险情报告（2008—2017年）、全国地质灾害通报（2008—2017年）
低温冷冻及雪灾	中国统计年鉴（2008—2017年）、中国环境统计年鉴（2008—2017年）、《中国减灾》（2008—2017年）、中国天气网雪灾案例4篇、壹基金年度报告（2011—2017年）、中国民政部官网低温冷冻报道25篇
风雹	中国统计年鉴（2008—2017年）、中国环境统计年鉴（2008—2017年）、《中国减灾》（2008—2017年）、壹基金年度报告（2011—2017年）、中国民政部官网风雹报道45篇
森林火灾	中国统计年鉴（2008—2017年）、中国环境统计年鉴（2008—2017年）、《中国减灾》（2008—2017年）、中国森林防火网火灾专题36篇、壹基金年度报告（2011—2017年）

3）自然灾害种类与受灾省份网络构建

自然灾害发生频繁，覆盖面广，包含了北京市、天津市、重庆市等31个省份（台湾、香港、澳门地区未参与统计），自然灾害种类和受灾省份有着密切的联系，这种关系可以通过构建关系矩阵来描述。自然灾害种类与受灾省份关系可以清楚地表示为行与列的关系，据此，发生自然灾害的地区和自然灾害的种类关系可以建立网络矩阵 A，其结构如下所示：

$$A=\begin{bmatrix} a_{11} & \cdots & a_{1j} \\ \vdots & \vdots & \vdots \\ a_{i1} & \cdots & a_{ij} \end{bmatrix}$$

其中，$a_{ij}=\sum_{1}^{n}c_{ij}$，$n=10,1\leqslant i\leqslant 8,1\leqslant j\leqslant 31$。$a_{ij}$表示 2008—2017 年 j 省发生 i 类型灾害的总数量。c_{ij}表示 j 省每年发生 i 类型灾害的数量累计。根据4.5.2中的“2）数据获取”，得到自然灾害种类与受灾省份的关系见表 4.2，并构建社会网络图，如图 4.6 所示。

表 4.2　自然灾害种类与受灾省份数据表

	地震	台风	洪涝	干旱	泥石流及滑坡	低温冷冻及雪灾	风雹	森林火灾
北京市	0	0	6	4	0	2	6	0
上海市	0	8	8	0	0	0	1	0
天津市	0	1	4	3	0	1	5	0
重庆市	5	0	10	10	5	5	7	0
河北省	0	2	10	10	0	7	7	1
山西省	4	0	10	10	1	7	7	4
内蒙古自治区	3	0	10	10	2	7	7	27
辽宁省	2	4	10	9	0	2	7	0
吉林省	1	0	10	10	0	7	7	0
黑龙江省	2	0	10	10	0	5	7	11
江苏省	1	13	10	9	1	6	7	0
浙江省	0	29	10	5	3	6	7	0
安徽省	1	5	11	8	2	7	7	0

续表

	地震	台风	洪涝	干旱	泥石流及滑坡	低温冷冻及雪灾	风雹	森林火灾
福建省	1	26	10	7	5	6	7	23
江西省	1	15	11	7	7	6	7	0
山东省	0	6	11	10	0	6	7	2
河南省	2	0	10	10	0	6	7	0
湖北省	4	2	10	10	5	7	7	1
湖南省	0	5	10	8	9	7	7	8
广东省	0	41	11	6	3	5	7	0
广西壮族自治区	1	23	10	10	10	6	7	0
海南省	0	23	10	6	0	2	3	0
四川省	68	0	11	10	24	7	7	8
贵州省	2	3	11	9	12	7	7	9
云南省	30	5	11	10	13	7	7	3
西藏自治区	9	0	10	3	2	7	7	1
陕西省	6	0	10	10	11	7	7	0
甘肃省	6	0	10	10	9	7	7	0
青海省	9	0	10	10	6	6	7	0
宁夏回族自治区	0	0	10	10	0	7	7	0
新疆维吾尔自治区	46	0	11	10	2	7	7	0

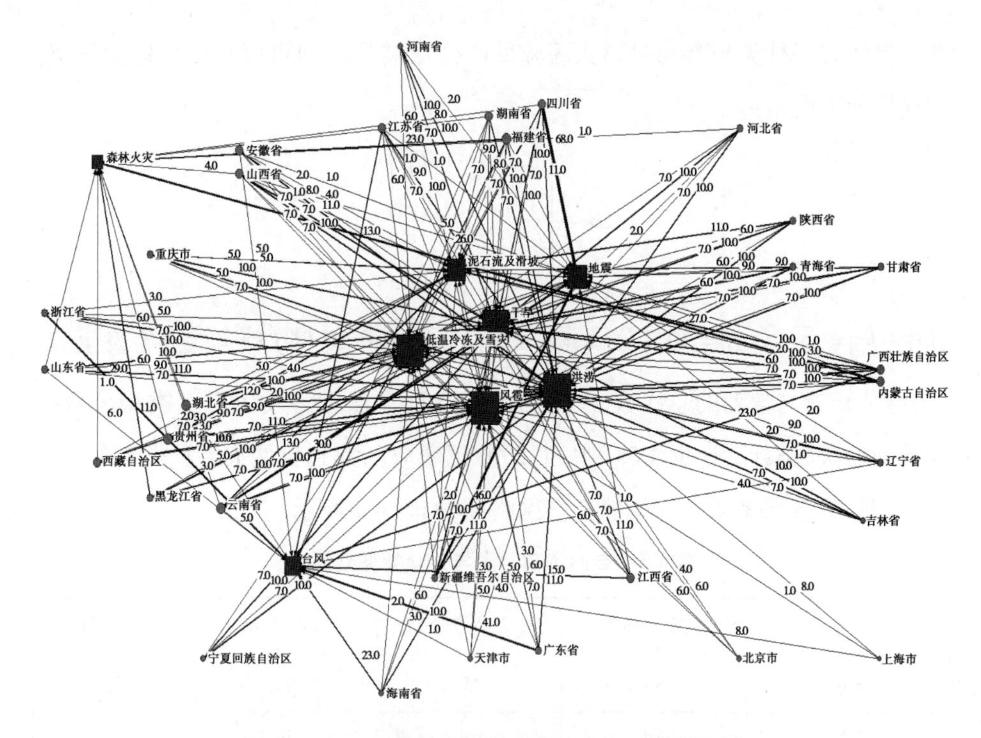

图 4.6　自然灾害种类与受灾省份二部二模网络图

在网络图中，连接两个节点之间的线条粗细表示连接强度，线条越粗表示两节点连接次数越多，反之则越细。同理，节点越大表示与该点有联系的节点越多。由图 4.6 可以看出，洪涝、干旱、风雹、低温冷冻及雪灾节点较大，说明这四种自然灾害在我国经常发生。四川省、新疆维吾尔自治区和地震之间的连线较粗，说明这两个省发生地震的次数最多，浙江省、广东省与台风连线较粗，说明受台风影响最大。同理，也可得到其他省份易受影响的灾害种类。而连接上海市、北京市的线较细，说明这两个市不易受到灾害的影响。

4）自然灾害种类与公众类型网络构建

不同的自然灾害类型，其产生的破坏性也不同，在自然灾害的应急救助方面，灾害的种类对公众的参与程度有很大的影响，对于某些自然灾害，公众参与救助相对较少，而有的自然灾害公众参与救助较多。同时，不同的公众类型参与自然灾害应急救助程度也不同，在一次自然灾害中某些公众会多次参与救助。自然灾害种类与参与自然灾害救助的公众类型之间可以建立网络矩阵 B，其结构如下所示：

$$B=\begin{bmatrix} b_{11} & \cdots & b_{1j} \\ \vdots & \vdots & \vdots \\ b_{i1} & \cdots & b_{ij} \end{bmatrix}$$

其中，$b_{ij}=\sum_{1}^{n}s_{ij}$，$n=20,1\leqslant i\leqslant 4,1\leqslant j\leqslant 8$。$b_{ij}$表示 20 例 j 种自然灾害发生后，i 类型公众参与救助的总次数。s_{ij}表示每例 j 种自然灾害发生后，i 类型公众参与救助的次数累计，根据 4.5.2 中的“2）数据获取”，得到自然灾害种类与参与公众类型的关系见表 4.3，并构建社会网络图，如图 4.7 所示。

表 4.3　自然灾害种类与公众类型数据表

	非政府组织	普通公众个体	专业人员	企事业单位
地震	89	47	64	73
台风	47	26	28	34
洪涝	55	32	34	46
干旱	62	27	46	60
泥石流及滑坡	78	46	58	54
低温冷冻及雪灾	55	26	37	42
风雹	49	30	38	33
森林火灾	41	18	42	46

由图 4.7 可以看出，地震灾害与公众类型节点之间的连线较粗，连线越粗表示互动次数越多，说明在发生地震灾害时，公众参与救助的次数较多，而森林火灾、风雹、台风等自然灾害与公众类型节点之间的连线较细，表示两者之间互动次数较少，说明在发生森林火灾、风雹以及台风等灾害时，公众参与救助的次数较少。同理，连接非政府组织、企事业单位的线较粗，说明在自然灾害应急救助

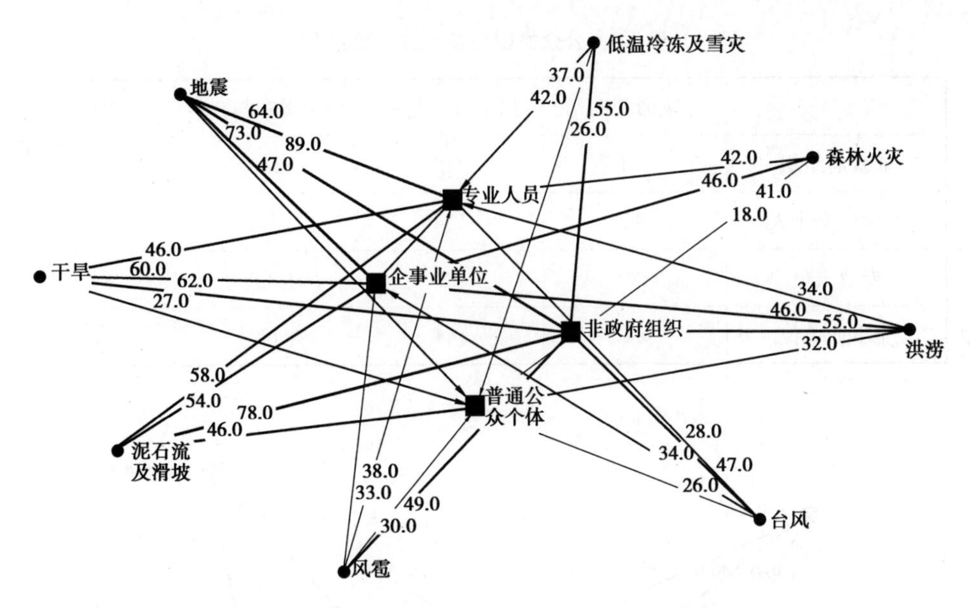

图 4.7　自然灾害种类与参与公众类型二部二模网络图

时，这两种公众类型参与较多，而指向专业人员以及普通公众个体的连线较细，说明这两种公众类型在自然灾害应急救助时参与较少。

5) 公众类型与参与方式网络构建

公众参与自然灾害应急救助时，不同的公众类型选择的救助方式也不同。据此，对自然灾害应急救助的公众类型与采取的救助方式建立网络矩阵 D，其结构如下所示：

$$D=\begin{bmatrix} d_{11} & \cdots & d_{1j} \\ \vdots & \vdots & \vdots \\ d_{i1} & \cdots & d_{ij} \end{bmatrix}$$

其中，$d_{ij}=\sum_{1}^{n}p_{ij}$，$n=160,1\leqslant i\leqslant 4,1\leqslant j\leqslant 4$。$d_{ij}$表示 160 例自然灾害中，$j$ 类公众在自然灾害救助过程中，采用 i 种救助方式的总体数量。p_{ij}表示，每例自然灾害，j 类公众在自然灾害救助过程中采用 i 种救助方式的次数累计，根据4.5.2中的“2) 数据获取”得到公众类型与采取的救助方式的关系见表 4.4，并构建社会网络图，如图 4.8 所示。

表 4.4　公众类型与参与方式数据表

	生命救助	捐助资金物资	灾情发布与宣传	心理疏导
非政府组织	121	215	110	30
普通公众个人	85	134	24	9
专业人员	189	45	30	83
企事业单位	84	145	68	91

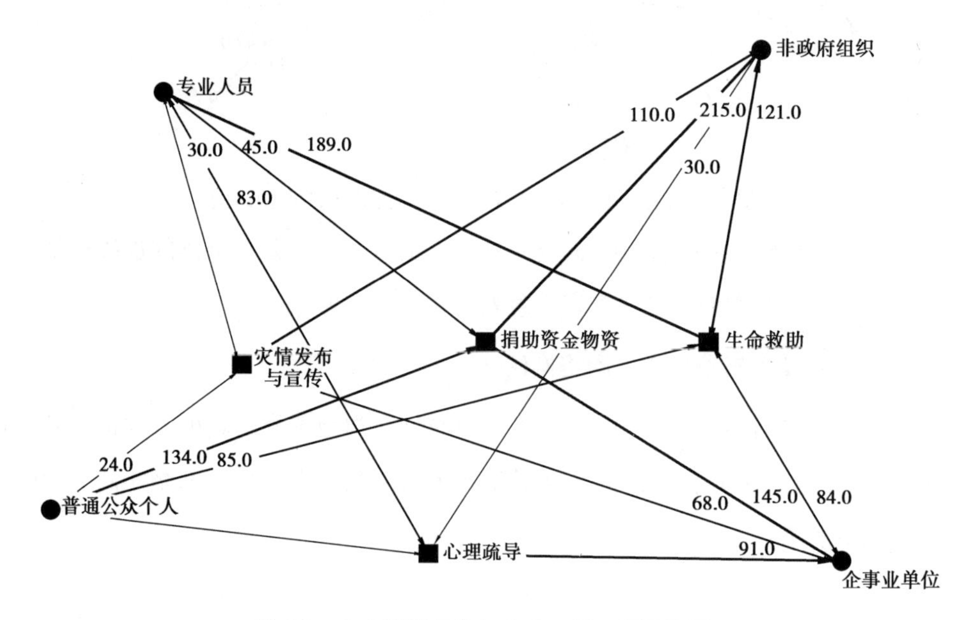

图 4.8　公众类型与参与方式二部二模网络图

由图 4.8 可以看出，非政府组织、企事业单位以及普通公众个人与捐助资金物资之间的连线较粗，表明两者之间互动次数多，说明这些公众类型在自然灾害应急救助中采用捐助资金物资方式较多，专业人员与生命救助之间的连线较粗，说明专业人员在灾害救助中主要是进行生命救助。同理，指向捐助资金物资的线较粗，说明在自然灾害应急救助中，公众大多采取此方式进行救助，而对于心理疏导，指向该节点的线都比较细，说明公众对灾民的心理疏导救助较少。

由图 4.8 也可以看出，对于灾情的发布与宣传主要依靠非政府组织以及企事业单位。生命救助和心理疏导主要由专业人员提供救助。

6）自然灾害种类与参与方式网络构建

对不同的自然灾害，由于其特点不同，造成的破坏与损失也不同，公众在参与自然灾害应急救助时对救助方式的选取也不同，据此，对于自然灾害的种类与公众采取的救助方式建立网络矩阵 E，其结构为：

$$E=\begin{bmatrix} e_{11} & \cdots & e_{1j} \\ \vdots & \vdots & \vdots \\ e_{i1} & \cdots & e_{ij} \end{bmatrix}$$

其中，$e_{ij}=\sum_{1}^{n} q_{ij}$，$n=20,1\leqslant i\leqslant 4,1\leqslant j\leqslant 8$。$e_{ij}$表示 20 例 j 类灾害公众参与救助时，采用 i 种救助方式的总体数量。q_{ij}表示每例 j 类灾害公众在参与救助过程中，采用 i 种救助方式的次数，根据 4.5.2 中的“2）数据获取”，得到自然灾害种类与公众采取的救助方式的关系见表 4.5，并构建社会网络图，如图 4.9 所示。

表 4.5　自然灾害种类与参与方式数据表

	生命救助	捐助资金物资	灾情发布与宣传	心理疏导
地震	88	87	53	45
台风	34	61	23	17
洪涝	58	63	16	30
干旱	96	68	15	16
泥石流及滑坡	93	80	15	48
低温冷冻及雪灾	67	60	18	15
风雹	23	80	22	25
森林火灾	20	40	70	17

由图 4.9 可以看出，指向生命救助、捐助资金物资的线比较粗，说明在不同灾

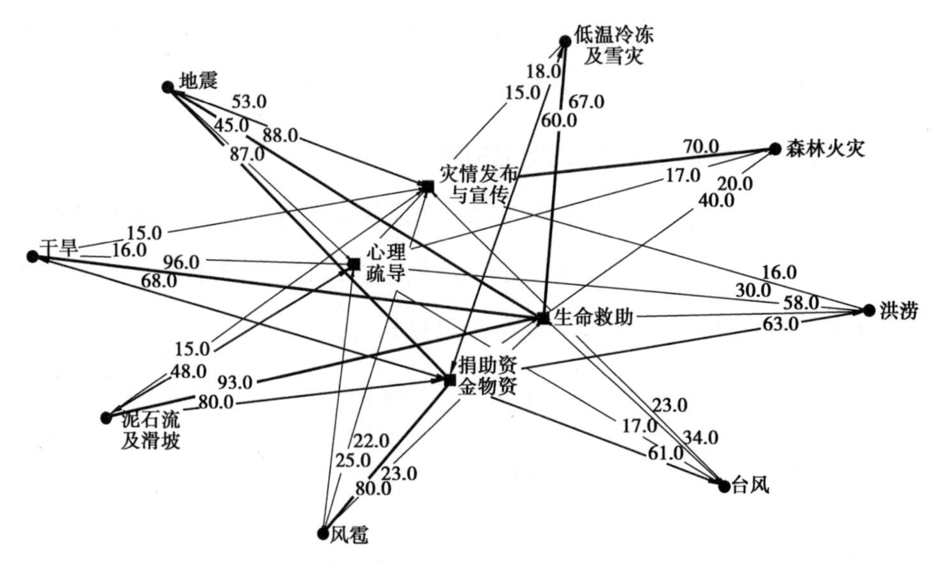

图 4.9　自然灾害种类与参与方式二部二模网络图

害种类下，公众采取这两种救助方式次数多，而对于灾情的发布与宣传、心理疏导，指向该节点的线较细，说明在不同灾害种类下，采取这两种救助方式次数较少。同理，连接地震的线较粗，说明在地震灾害发生后，公众会多次采取不同的救助方式进行救助，而指向森林火灾的线较细，说明在该灾害发生后，公众采取不同的救助方式进行救助次数较少，主要采取灾情的发布与宣传的方式。从图 4.9 也可以看出，地震、泥石流及滑坡、干旱灾害与生命救助以及捐助物资资金之间的连线较粗，说明公众经常会采用该方式进行救助，风雹灾害主要采取捐助物资资金的救助方式。同理，也可看出其他自然灾害常采取的救助方式。

4.6　自然灾害应急救助的公众参与网络结构测度

4.6.1　自然灾害种类与受灾省份网络结构测度

1) 网络密度

自然灾害种类与受灾省份的网络密度为 0.491 9，密度较小，表明自然灾害的种类和地区没有形成相对紧密的联系，整体网络结构比较松散（图 4.10）。

Relation: Page 1

Density (matrix average)=0.491 9
Standard deviation=0.499 9

图 4.10　自然灾害种类与受灾省份网络密度

2）中心性分析

自然灾害的种类与受灾省份的网络结构为多值矩阵，在对网络中心度进行测量前，需要将矩阵转换为二值矩阵，以网络平均值 6 作为临界值进行转化。此外，测度中心性时需要将二模网络矩阵转化成省份耦合以及自然灾害种类耦合两个一模网络进行分析。测度结果见表 4.6、表 4.7。

表 4.6　省份耦合关系的中心度

	度数中心度	相对中心度	份额
四川省	107.000	59.444	0.044
贵州省	103.000	57.222	0.042
湖南省	103.000	57.222	0.042
云南省	102.000	56.667	0.042
陕西省	98.000	54.444	0.040
甘肃省	98.000	54.444	0.040
内蒙古自治区	96.000	53.333	0.039
新疆维吾尔自治区	95.000	52.778	0.039
宁夏回族自治区	91.000	50.556	0.037
湖北省	91.000	50.556	0.037
广西壮族自治区	91.000	50.556	0.037
河北省	91.000	50.556	0.037
山西省	91.000	50.556	0.037

续表

	度数中心度	相对中心度	份额
吉林省	91.000	50.556	0.037
江西省	91.000	50.556	0.037
安徽省	91.000	50.556	0.037
福建省	89.000	49.444	0.037
江苏省	84.000	46.667	0.034
黑龙江省	82.000	45.556	0.034
青海省	81.000	45.000	0.033
山东省	77.000	42.778	0.032
河南省	77.000	42.778	0.032
辽宁省	77.000	42.778	0.032
重庆市	77.000	42.778	0.032
西藏自治区	72.000	40.000	0.030
广东省	61.000	33.889	0.025
浙江省	61.000	33.889	0.025
海南省	35.000	19.444	0.014
上海市	35.000	19.444	0.014
天津市	0.000	0.000	0.000
北京市	0.000	0.000	0.000

由表4.6可以看出，四川省的度数中心度最大，其值为107.000，说明四川省受到灾害的影响次数最多，处于网络的中心地位。贵州省、湖南省、云南省的度数中心度分别为103.000、103.000、102.000，度数中心度也相对较大，说明这些省份也易受到灾害的影响。北京市、天津市的度数中心度为0.000，说明这些地

区不易受到灾害的影响。四川省由于地形地势,发生的自然灾害种类多,频率高,因此容易受到灾害的影响,而北京市、天津市地理位置相对比较优越,受到灾害影响的次数不多。通过表 4.6 可以得到我国省份受到灾害影响程度的排序。对于易受灾害影响的省份,所在省份的公众需要提高自然灾害救助各方面的能力,以便更好地应对各种自然灾害,减少损失。

表 4.7　自然灾害种类耦合关系的中心度

	度数中心度	相对中心度	份额
洪涝	93.000	49.206	0.215
风雹	91.000	48.148	0.211
干旱	84.000	44.444	0.194
低温冷冻及雪灾	58.000	30.688	0.134
泥石流及滑坡	37.000	19.577	0.086
森林火灾	27.000	14.286	0.063
地震	21.000	11.111	0.049
台风	21.000	11.111	0.049

由表 4.7 可以得到,洪涝灾害的度数中心度为 93.000,数值最高,处于网络的中心地位,说明洪涝灾害在我国发生的次数最多。其次发生较多的自然灾害为风雹以及干旱灾害,度数中心度分别为 91.000、84.000。我国属于季风气候,河湖众多,降雨多,因此易发生洪涝灾害,而我国的西部气候比较干旱,发生旱灾比较多。通过表 4.7 可以得到我国自然灾害发生频率的排序。对于我国常发生的自然灾害,需要公众提高该灾害的救助意识以及救助知识,在参与灾害救助时更好地发挥作用,提高灾害救助的效率。

3)核心-边缘分析

经过统计,位于核心区域的省份有:黑龙江省、广西壮族自治区、浙江省、四川省、吉林省、云南省、江苏省、辽宁省、新疆维吾尔自治区、湖南省、甘肃省、青海省、陕西省、湖北省。位于核心区域的自然灾害种类有:低温冷冻及雪灾、风雹、洪涝、干旱、泥石流及滑坡(图 4.11)。说明位于核心区域的省份经常会发生位于核心区域的自然灾害,两者联系比较紧密。

Starting fitness: 0.390
Final fitness: 0.808
Blocked Adjacency Matrix

		38	34	35	36	37	2	3	4	5	1	11	12	13	14	6	7	8	9	10	20	21	22	23	24	25	26	27	28	29	30	31	32	33	15	16	17	18	19	39
10	黑龙江省	1	1	1																																				1
21	广西壮族自治区	1	1	1	1																													1						
12	浙江省	1	1																															1						
23	四川省	1	1	1	1	1																											1							1
9	吉林省	1	1	1		1																																		
25	云南省	1	1	1	1	1																											1							
11	江苏省	1	1	1																														1						
8	辽宁省	1	1	1																																				
31	新疆维吾尔自治区	1	1	1		1																											1							
19	湖南省	1	1	1	1	1																																		1
28	甘肃省	1	1	1	1	1																																		
29	青海省	1	1	1																													1							
27	陕西省	1	1	1	1	1																																		
18	湖北省	1	1	1		1																																		
5	河北省	1	1	1		1																																		
3	天津市																																							
17	河南省	1	1	1																																				
14	福建省	1	1	1																														1						1
7	内蒙古自治区	1	1	1		1																																		1
16	山东省	1	1	1																																				
2	上海市		1																															1						
13	安徽省	1	1	1		1																																		
15	江西省	1	1	1	1																													1						
24	贵州省	1	1	1	1	1																																		1
6	山西省	1	1	1		1																																		
26	西藏自治区	1	1			1																											1							
4	重庆市	1	1	1																																				
1	北京市																																							
20	广东省	1	1																															1						
30	宁夏回族自治区	1	1	1		1																																		
22	海南省		1																															1						
32	地震																																							
33	台风																																							
34	洪涝																																							
35	干旱																																							
36	泥石流及滑坡																																							

图 4.11 自然灾害种类与受灾省份核心-边缘分析

通过 fitness 拟合值来检验,经过核心-边缘分析的结果较好,初始拟合值(Starting fitness)为 0.390,最终拟合值(Final fitness)为 0.808,说明经过核心-边缘分析后具有高密度块的数据比之前未经过核心-边缘分析的数据拟合得更好。

4.6.2 自然灾害种类与公众类型网络结构测度

1)网络密度

自然灾害种类与公众类型的网络密度为0.531 3,密度较小,表明自然灾害的种类与参与公众类型之间没有形成相对紧密的联系,整体网络结构比较松散(图4.12)。

Relation: Page 1

Density (matrix average)=0.531 3
Standard deviation=0.499 0

图4.12 自然灾害种类与公众类型网络密度

2)中心性分析

自然灾害的种类与参与公众主体的网络结构为多值矩阵,在对网络中心度进行测量前,需要将矩阵转换为二值矩阵,以网络平均值45作为临界值进行转化。此外,测度中心性时需要将二模网络矩阵转化成自然灾害的种类耦合以及参与公众主体耦合两个一模网络进行分析,测度结果见表4.8、表4.9。

表4.8 自然灾害种类耦合

	Degree	NrmDegree	Share
地震	13.000	46.429	0.186
泥石流及滑坡	13.000	46.429	0.186
干旱	12.000	42.857	0.171
洪涝	10.000	35.714	0.143
台风	6.000	21.429	0.086
低温冷冻及雪灾	6.000	21.429	0.086
风雹	6.000	21.429	0.086
森林火灾	4.000	14.286	0.057

由表 4.8 可得,地震、泥石流及滑坡的度数中心度最大,其值为 13.000,说明公众参与救助地震灾害、泥石流及滑坡灾害最多,而森林火灾的度数中心度为 4.000,其值最小,说明公众对其参与救助比较少。地震、泥石流及滑坡灾害一旦发生,容易造成人员伤亡,破坏性大,因此对于这两种自然灾害的应急救助公众参与较多。而森林火灾发生后,一般只会造成经济损失,另外救火对专业性要求较高,因此公众参与森林火灾的救助较少。通过上表可以得到公众参与应急救助灾害种类的排序。公众应该加强对台风、低温冷冻及雪灾、风雹、森林火灾的灾害救助,提高参与救助灾害种类的广度,协助政府更好地应对灾害。

表 4.9　参与公众类型耦合

	Degree	NrmDegree	Share
非政府组织	9.000	75.000	0.281
企事业单位	9.000	75.000	0.281
专业人员	8.000	66.667	0.250
普通公众个体	6.000	50.000	0.188

由表 4.9 可得,在自然灾害救助中,非政府组织以及企事业单位的度数中心度为 9.000,其值最高,处于网络的中心地位,表明其在不同自然灾害救助中参与的次数最多。而普通公众个体度数中心度较低,数值为 6.000,说明其参与自然灾害救助相对较少。非政府组织以及企事业单位社会自身有良好的救援技能以及社会影响力,能够更好地参与到自然灾害救助中,而普通公众个体由于自身的局限性,只能进行基本的自救互救,参与自然灾害救助较少。通过表 4.9 可以得到参与灾害救助公众类型的排序。普通公众个体应该提高参与救助的意识与能力,积极参与到不同种类的自然灾害救助中,提高灾害的救助效率。

3）核心-边缘分析

如图 4.13 所示，经过统计，位于核心区域的自然灾害有：地震、泥石流及滑坡、干旱。位于核心区域的参与救助的公众类型有：非政府组织、专业人员、企事业单位。说明发生地震、泥石流及滑坡、干旱灾害时，非政府组织、专业人员、企事业单位参与救助较多，两者联系比较紧密。

Starting fitness: 0.513
Final fitness: 1.000
Blocked Adjacency Matrix

		11	9	12	1	4	2	7	8	3	10	5	6
1	地震	1	1	1							1		
5	泥石流及滑坡	1	1	1							1		
4	干旱	1	1	1									
3	洪涝		1	1									
2	台风		1										
6	低温冷冻及雪灾		1										
7	风雹		1										
8	森林火灾			1									
9	非政府组织												
10	普通公众个体												
11	专业人员												
12	企事业单位												

Density matrix

	1	2
1	1.000	0.083
2	0.250	0.000

图 4.13　自然灾害种类与公众类型核心-边缘分析

通过 fitness 拟合值来检验，经过核心-边缘分析的结果较好，初始拟合值（Starting fitness）为 0.513，最终拟合值（Final fitness）为 1.000，说明经过核心-边缘分析后具有高密度块的数据比之前未经过核心-边缘分析的数据拟合得更好。

4.6.3　公众类型与参与方式网络结构测度

1）网络密度

公众类型与救助方式网络密度为 0.333 3，密度较小，表明参与公众类型与采取的救助方式没有形成相对紧密的联系,整体网络结构比较松散(图 4.14)。

Relation: Page 1

Density (matrix average)=0.333 3
Standard deviation=0.471 4

图 4.14　公众类型与救助方式网络密度

2)中心性分析

参与公众类型与采取的救助方式的网络结构为多值矩阵,在对网络中心度进行测量前,需要将矩阵转换为二值矩阵,以网络平均值 90 作为临界值进行转化。此外,测度中心性时需要将二模网络矩阵转化成参与公众类型耦合以及公众采取的救助方式耦合两个一模网络进行分析。测度结果见表 4.10、表 4.11。

表 4.10　参与公众类型耦合中心度

	Degree	NrmDegree	Share
非政府组织	3.000	100.000	0.375
普通公众个体	2.000	66.667	0.250
企事业单位	2.000	66.667	0.250
专业人员	1.000	33.333	0.125

由表 4.10 可得,非政府组织的度数中心度为 3.000,其值最大,占据网络的中心,说明非政府组织在参与自然灾害的救助过程中采取的救助方式多样,企事业单位以及普通公众个体的度数中心度为 2.000,其值相对较小,而专业人员的度数中心度最小,其值为 1.000,说明专业人员在参与自然灾害救助的过程中采取的方式比较单一。非政府组织由于自身的灵活性以及非政府组织成员的多元性,在参与自然灾害应急救助时,采取的救助方式多样,凭借其影响力对灾情进行宣传并动员社会群众进行捐助,帮助政府搜救人员,对受灾群众进行转移安置,对灾民进行生命救助,而专业人员主要对灾害救助提供技术方面的指导。通过表 4.10 可以得到采取救助方式多样化的公众类型排序。公众在参与

自然灾害救助时,需要尽可能地采取多种不同的救助方式,多方面地为自然灾害提供救助,以提高灾害救助的效率。

表 4.11 公众采取的救助方式耦合中心度

	Degree	NrmDegree	Share
捐助资金物资	3.000	100.000	0.375
生命救助	2.000	66.667	0.250
灾情发布与宣传	2.000	66.667	0.250
心理疏导	1.000	33.333	0.125

由表 4.11 可得,捐助资金物资度数中心度为 3.000,其值最大,占据网络的中心位置。说明在公众参与自然灾害应急救助的过程中,公众主要采取的救助手段为捐助资金物资。生命救助、灾情发布与宣传的度数中心度为 2.000,其值相对较小。而心理疏导的度数中心度为 1.000,其值最小,说明公众在参与自然灾害应急救助的过程中,对受灾群体的心理疏导较少。通过表 4.11 可以得到公众常采用的灾害救助方式排序。在自然灾害救助过程中,公众除了捐助资金物资、对灾民进行生命救助、灾情发布与宣传外,需要加大对受灾群众的心理疏导。

3)核心-边缘分析

如图 4.15 所示,经过统计,位于核心区域的公众类型有:非政府组织、普通公众个体、企事业单位。位于核心区域的灾害救助方式有:生命救助、捐助资金物资、灾情发布与宣传。说明非政府组织、普通公众个体、企事业单位采取生命救助、捐助资金物资、灾情发布与宣传多,两者联系紧密。

通过 fitness 拟合值来检验,经过核心-边缘分析的结果较好,初始拟合值(Starting fitness)为 0.529,最终拟合值(Final fitness)为 0.692,说明经过核心-边缘分析后具有高密度块的数据比之前未经过核心-边缘分析的数据拟合得更好。

```
Starting fitness: 0.529
Final fitness: 0.692
Blocked Adjacency Matrix

                    5 6 7   4 1 2 3 8
                  -----------------------
1     非政府组织  | 1 1 1 |           |
2   普通公众个人  |   1   |           |
4     企事业单位  |   1   |         1 |
                  -----------------------
3       专业人员  | 1     |           |
5       生命救助  |       |           |
6   捐助资金物资  |       |           |
7 灾情发布与宣传  |       |           |
8       心理疏导  |       |           |
                  -----------------------

Density matrix

          1       2
     ------- -------
1    0.556   0.083
2    0.083   0.000
```

图 4.15 公众类型与救助方式核心-边缘分析

4.6.4 自然灾害种类与救助方式网络结构测度

1)网络密度

自然灾害种类与救助方式网络密度为 0.468 8,密度较小,表明自然灾害种类与公众采取的救助方式没有形成相对紧密的联系,整体网络结构比较松散(图 4.16)。

```
Relation: Page 1

Density (matrix average)=0.468 8
Standard deviation=0.499 0
```

图 4.16 自然灾害种类与救助方式网络密度

2)中心性分析

自然灾害的种类与公众采取的救助方式的网络结构为多值矩阵,在对网络中心度进行测量前,需要将矩阵转换为二值矩阵,以网络平均值 45 作为临界值进行转化。此外,测度中心性时需要将二模网络矩阵转化成自然灾害的种类耦合以及公众采取的救助方式耦合两个一模网络进行分析。测度结果见表 4.12、表 4.13。

表 4.12 自然灾害的种类耦合关系中心度

	Degree	NrmDegree	Share
地震	11.000	78.571	0.172
低温冷冻及雪灾	10.000	71.429	0.156
洪涝	10.000	71.429	0.156
干旱	10.000	71.429	0.156
泥石流及滑坡	10.000	71.429	0.156
台风	6.000	42.857	0.094
风雹	6.000	42.857	0.094
森林火灾	1.000	7.143	0.016

由表 4.12 可知,地震度数中心度为 11.000,其值最大,占据网络的中心,说明公众在参与地震灾害救助时采用的救助手段比较多,低温冷冻及雪灾、洪涝、干旱、泥石流及滑坡的度数中心度为 10.000,相对较小,而对于森林火灾,公众采取的救助手段比较单一。原因是地震灾害造成的影响较大,涉及人员伤亡、房屋倒塌、基础设施被破坏,因此,在对地震进行灾害救助时,参与公众类型多,同时采取的救助手段也多,而森林火灾发生后,几乎不会造成人员伤亡,参与救助的公众类型少,并且救助手段以灾情发布为主。同时,通过表 4.12 可以得到采取救助方式多样性的灾害种类排序。

表 4.13 公众采取的救助方式耦合关系中心度

	Degree	NrmDegree	Share
生命救助	7.000	46.667	0.389
捐助资金物资	7.000	46.667	0.389
灾情发布与宣传	2.000	13.333	0.111
心理疏导	2.000	13.333	0.111

由表 4.13 可得,生命救助、捐助资金物资的度数中心度为 7.000,其值最大,说明在自然灾害救助中,公众采用最多的救助手段为生命救助、捐助资金物资的方式,灾情发布与宣传、心理疏导度数中心度为 2.000,其值较小,说明采取这两种救助方式较少。因此,公众在自然灾害救助过程中,要注重灾情发布与宣传、心理疏导,有利于灾害救助工作更好地开展。同时,通过表 4.13 可以得到在对灾害进行救助时,采用救助方式的排序。

3)核心-边缘分析

Starting fitness: 0.469
Final fitness: 0.871
Blocked Adjacency Matrix

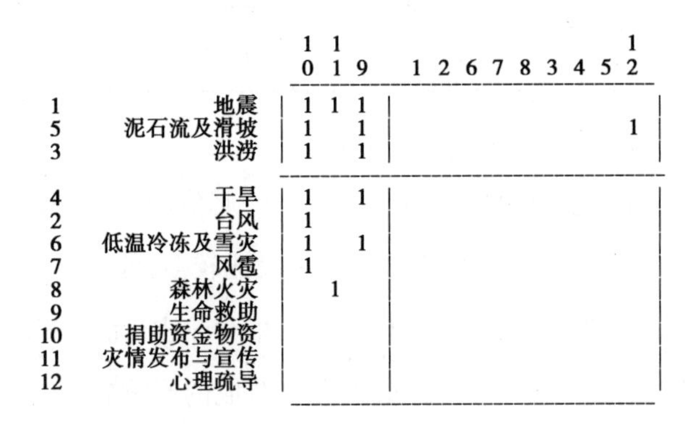

Density matrix

	1	2
1	0.778	0.042
2	0.292	0.000

图 4.17　自然灾害种类与救助方式核心-边缘分析

如图 4.17 所示,经过统计,位于核心区域的自然灾害种类有:地震、泥石流及滑坡、洪涝。位于核心区域的灾害救助方式有:生命救助、捐助资金物资、灾情发布与宣传。说明在发生地震、泥石流及滑坡、洪涝灾害时,主要采取生命救助、捐助资金物资、灾情发布与宣传方式,两者联系紧密。

通过 fitness 拟合值来检验,经过核心-边缘分析的结果较好,初始拟合值(Starting fitness)为 0.469,最终拟合值(Final fitness)为 0.871,说明经过核心-边缘分析后具有高密度块的数据比之前未经过核心-边缘分析的数据拟合得更好。

5 自然灾害应急救助公众参与效率评价

5.1 评价指标体系的构建

5.1.1 指标选取原则

1)全面性原则

这个原则的核心内容就是在选择评价的指标时要尽可能将所有会对公众参与自然灾害应急救助效率产生影响的因素都考虑进去,然后将其作为选择评价指标的依据。但是要注意,在确定评价指标时一定要兼顾定量和定性的因素。定性的指标也会对公众参与自然灾害应急救助的效率产生一定的影响,这种影响是不可忽视的。因此,必须全面考虑定量与定性指标,救助效率的评价才更为精准。

2)科学性原则

在建立评价指标体系的时候,要先收集一些科学合理的信息作为建立的依据,然后将其运用于实践中,证明这个体系是合理的可以操作的。要保障指标与指标之间所涵盖的内容尽量不要重复。所有的指标必须有代表性,符合正常的思维模式,不晦涩难懂。另外,指标数量也不宜过少,避免造成信息的遗漏,使公众参与自然灾害应急救助的效率评价指标体系更为科学合理。

3)数据的可获得性原则

公众参与自然灾害应急救助的数据是进行应急救助效率评价的基础,然而,由于我国对于公众参与自然灾害应急救助的具体信息还没有一个完善的信息披露平台,这些导致在进行效率评价时,公众参与自然灾害应急救助的数据获取渠道有限,因此,在设计公众参与自然灾害应急救助的效率评价指标体系时,要尽可能地保证指标数据的可获得性[179]。

5.1.2 投入产出指标选取依据

公众参与自然灾害应急救助的现实实践以及现有的关于公众参与自然灾害应急救助的文献对于本书指标体系的建立具有重要的借鉴意义。在现实实践中,公众参与自然灾害应急救助的方式为生命救助、捐助资金物资、灾情发布与宣传、心理疏导四种方式,主要涵盖了对灾民的生命救助、生活救助、心理救助三个方面。联合国定义灾害救助评估主要涵盖灾害对社会的影响、灾害应急抢险需求与方案、救助资源的可获得性。其中灾害应急抢险需求与救灾资源的可获得性是灾害救助评估的核心方面。《中华人民共和国防震减灾法》《中华人民共和国突发事件应对法》等均提出,受到自然灾害影响的人员应立即疏散、撤离,这是减轻灾害人员伤亡的有效措施。

现有的文献中由于直接研究公众参与自然灾害应急救助的评价指标体系不多,因此,本书借鉴了公众参与自然灾害应急救助的方式、灾民满意度等方面的研究成果。Abidi H.(2014)认为公众对自然灾害的救助是对人类生命、生活投入大量人力进行救助,以满足灾民基本需求的过程[180];Gunasekaran A(2007)提出灾区灾民在生命、心理方面的满意度是判断救助效率的重要指标[181];Gyöngyi(2007)指出自然灾害发生后,最大限度地减少人员的伤亡数量是衡量救援效率是否高效的重要依据[182];Nikbakhsh(2011)指出自然灾害发生后,食物、水、医药、其他物资以及投入生活、生命、心理救助的人力资源是灾害救助的必备要素[183];王玉海(2015)认为自然灾害应急救助就是要保证灾区人民“有饭吃、有房住、有医就、有水喝、有衣穿、有学上”这些原则性的要求,并提出了包含生命救助、心理抚慰两个衡量灾民满意程度的指标以及包含救援人员、救援物资、救援资金三个衡量灾害救助效率的投入指标[91];孙燕娜(2010)提出灾害救助效率的评价应该以受灾群众的生命、心理满意程度为出发点,灾害救助的实质不是“能做到什么”而是“应该提供什么样的救助”[184];黄瑞芬(2011)在对海洋灾害救助能力评价中指出志愿者数量、救灾物资的供应、充足的财力、心理咨询师数量是影响救助效率的重要指标[185]；施玮（2009）通过对自然灾害救助制度进行研究，发现救灾物资及资金是否满足灾民基本生活需求是救助过程中值得关注的问题[186]；蹇华胜（2014）通过比较玉树地震和汶川地震医疗救助的效率得出，受伤预警指数是评价救援效率的重要指标[187]；钱洪伟（2018）通过研究应急志愿者在地震灾害救援的作用，提出应急志愿者的精准救援，减少人员伤亡是影响救助效率的重要指标[188]；王丹丹（2018）提出针对突发紧急情况的转移安置，并提供食品、水等基本保障是灾害救助的重要部分[189]；史培军（2013）总结汶川地震的经验，提出转移安置灾民，减少人员伤亡是影响救助效率的重要影响因素[190]；任心甫（2017）认为应该从资金、物资的投入量是否满足灾民生活基本保障为指标评价救助效率[191]；曹庆奎（2017）认为在灾害救助时，第一时间派遣救援人员到灾区进行救助工作，对提高灾民的感知满意度有重要的意义[192]；袁媛（2013）在灾害救助研究过程中指出参与救援人员能否胜任救援任务是一项重要指标[193]；张雷（2013）在灾民生命救助满意度中综合考虑了救援队伍的救援质量、是否可靠、救援是否及时等指标[194]；四川省统计局对汶川地震的灾民进行调查，结果显示，人力、物资、资金、心理培训的投入是灾民最需要的指标[195]；张勇（2016）提出每位灾民得到的资金数是否满足基本生活需求是评价救助效率的一个重要指标[196]；吴瑶（2010）在进行汶川地震灾害发生后社会救助灾民满意度及其影响因素研究中指出，心理救助以及医疗救助是两项重要指标[197]；林闽钢（2010）以汶川地震和台湾 9.21 地震为例进行研究，认为需要时刻关注灾民基本生活所需的资金或物资是否得到满足，并重视提高灾民对心理救助的满意度[198]；李华强（2011）对都江堰灾区公众的满意度进行调研时，划分了生存及心理满意度层面[199]；张薇（2013）通过对西藏农牧区自然灾害救助进行研究，发现灾民比较关注自己的基本生活需求有没有得到保证[200]。

本书通过对文献的进一步梳理和归纳，总结得出表 5.1。并结合公众参与自然灾害应急救助的实际情况，进行了公众参与自然灾害应急救助的效率评价指标体系的构建。

表 5.1　指标选取依据

文献	资金	物资	公众生命救助的人力投入	公众生活救助的人力投入	公众心理救助的人力投入	灾民对生命救助的满意度	灾民对心理救助的满意度	救灾资金、物资覆盖率	减少人员伤亡损失
[180]			√	√					
[181]						√	√		
[182]									√
[183]		√	√	√	√				
[91]	√	√	√	√	√	√	√		
[172]		√	√	√					
[173]	√	√							
[174]			√						
[175]	√	√	√	√	√				
[184]						√	√		
[185]	√	√	√	√	√				
[186]								√	
[187]									√
[188]									√
[189]		√							√
[190]									√
[191]	√	√						√	
[192]						√			
[193]						√			
[194]						√			
[195]	√	√	√	√	√				

续表

文献	资金	物资	公众生命救助的人力投入	公众生活救助的人力投入	公众心理救助的人力投入	灾民对生命救助的满意度	灾民对心理救助的满意度	救灾资金、物资覆盖率	减少人员伤亡损失
[196]									
[197]						√	√	√	
[198]							√	√	
[199]						√	√		
[200]								√	

5.1.3 公众参与自然灾害应急救助效率评价指标体系

通过上一节对文献的总结与梳理,借鉴国内外学者对公众参与自然灾害应急救助的研究,结合在自然灾害应急救助中公众参与的实际情况,提出了三项投入指标,分别为:公众提供的救灾总资金、公众的人力投入强度、公众提供的救灾物资占比。三项产出指标,分别为:灾民满意度、转移安置人员比例、公众救灾总资金覆盖率。以下具体介绍各指标的内涵。

1)投入指标内涵

(1)公众提供的救灾总资金

当发生一起自然灾害时,非政府组织、企事业单位、普通公众个体、专业人员都会对受灾地区进行捐赠,包括资金、帐篷、食物、医疗用品等,帮助灾区减缓物资以及资金短缺的压力。本书将公众提供的救灾资金与物资总和定义为救灾总资金,单位为亿元。

(2)公众的人力投入强度

公众参与自然灾害应急救助的投入除了救灾总资金外,公众提供的人力强度也会影响自然灾害应急救助的效率。现阶段我国对于参与自然灾害应急救助的公众数量没有具体的数据统计，因此，本书的公众人力投入强度为定性指标，并进一步从生命救助、生活救助、心理救助三个方面划分为生命救助人力投入、生活救助人力投入、心理救助人力投入。美国联邦应急管理署的突发事件支持功能以及中国自然灾害救助条例指出，灾害发生后，在生命救助方面，大量非政府组织中的志愿者、专业人员、企事业单位以及普通公众个体深入到灾区协同政府救援队伍搜救灾民、疏散受灾群众，使其转移到安全地带，对受灾群众进行医疗救助并开展防疫工作，对灾民进行生命救助。在生活救助方面，公众除了自身捐助资金物资外，也会进行社会动员，为灾区提供物资、资金的保障，解决灾民基本的生活问题。在心理救助方面，公众会对受灾群众进行心理疏导，并在灾区进行心理知识的宣传工作。由此，进一步确定指标，最终得到公众人力投入强度层次结构见表 5.2。公众的人力投入强度为一项投入指标，该指标属于定性指标，后期需要进行模糊量化。

表 5.2 公众的人力投入强度层次结构

<table>
<tr><th>目标层</th><th>准则层</th><th>方案层</th></tr>
<tr><td rowspan="7">公众的人力投入强度</td><td rowspan="3">生命救助人力投入</td><td>公众投入搜救灾民人力</td></tr>
<tr><td>公众投入灾民疏散人力</td></tr>
<tr><td>公众投入医疗防疫人力</td></tr>
<tr><td rowspan="2">生活救助人力投入</td><td>公众投入物资保障人力</td></tr>
<tr><td>公众投入资金保障人力</td></tr>
<tr><td rowspan="2">心理救助人力投入</td><td>公众投入心理救助人力</td></tr>
<tr><td>公众投入心理知识宣传人力</td></tr>
</table>

(3)公众提供的救灾物资占比

发生一起自然灾害后，公众的捐助有物资和资金两部分，民政部《关于做好外援抗震救灾款物接收、发放、使用、管理工作的通知》规定我国的救灾物资有水、食物、帐篷、医疗用品、生活用品、搜救器材、挖掘器材等物资。能否将物资合理、准确、及时地用于救灾，关系到救灾的效率。不同的公众类型根据其性质不同捐助的侧重点也不同，一些企事业单位结合自身优势以及核心业务进行灾害救助，例如在芦山地震中，汰渍集团捐助价值 50 万的 4 000 多箱除菌洗涤产品，TCL 集团捐助 5 000 多支手电、照明设备，金锣集团捐助 10 吨的火腿肠，医疗卫生组织捐助灾区急需的药品，有的公众类型捐助资金较多，捐助物资较少。公众在参与不同的灾害救助时提供的物资和现金的比例是不同的。冷晴(2018)基于事件系统理论，将捐赠的物资数占总资金的比例作为事件空间来衡量救援效率[201]。本书把救灾物资占公众提供的救灾总资金的比例作为公众提供的救灾物资占比。该指标为定量指标，公式如下：

$$\text{公众提供的救灾物资占比} = \frac{\text{救灾物资总资金}}{\text{救灾捐赠总资金}}\%$$

2）产出指标内涵

(1)灾民满意度

在公众参与自然灾害应急救助中，直接受益人为受灾群众，灾民对公众的投入是否满意对公众参与自然灾害应急救助效率的评价具有非常重要的影响。本书的灾民满意度包括灾民对公众在生命救助上的满意度以及灾民对公众在心理救助上的满意度两方面，主要从公众救灾的及时性、质量、数量三个方面对灾民满意度进行调查。在生命救助方面，公众参与生命救助及时性是指，在灾害发生后，公众是否能及时赶到灾区现场，为灾民提供帮助，公众参与生命救助的及时性直接影响了灾民对此次救助是否满意。公众参与生命救助的人数直接影响了灾民对公众生命救助的满意度。此外，公众在对灾民进行生命救助时，即使投入了大量的人力，但救援质量与水平如何，是否能对灾民起到很好的救助作用，也会影响灾民对公众进行生命救助的满意度。最后，公众对灾民是否及时提供了心理救助、提供心理救助的人员专业水平如何、公众参与心理救助的人员数量是否满足灾民的需求是衡量灾民对公众投入心理救助满意度的重要指标。由此，构建了灾民满意度层次结构，见表 5.3。灾民满意度为定性指标，后期需要模糊量化。

表 5.3　灾民满意度层次结构

目标层	准则层	方案层
灾民满意度	生命救助满意度	公众参与生命救助及时性
		公众参与生命救助质量水平
		公众参与生命救助的人力数量
	心理救助满意度	灾民获得心理救助的及时性
		公众提供的心理救助水平
		公众参与心理救助的人力数量

(2)转移安置人员比例

自然灾害发生后,会对基础设施、建筑尤其是群众生命造成伤害,公众参与自然灾害应急救助主要是对受灾群众进行救助,把受灾群众妥善安置到医疗设施完备、生活用品充足以及安全的应急避难场所至关重要。及时转移安置人员,减少人员伤亡损失是衡量公众参与自然灾害应急救助效率的一项重要指标,同时,考虑到不同的灾害造成的损害不同,将转移安置人员占总受灾人数的比例作为衡量指标。该指标为定量指标,公式如下:

转移安置人员比例 =(转移安置人员数 / 总受灾人口数)%

(3)公众救灾总资金覆盖率

公众参与自然灾害应急救助的目标是满足灾民的需求。当发生一起自然灾害时,公众投入的资金以及物资能否满足受灾地区灾民的基本生活需求是衡量救助效率的重要指标。这种需求是否被满足就要看公众投入的救灾总资金与受灾地区灾民需求额的比例大小,比例越大,说明需求满足度越高;反之,比例越小,说明需求不被满足。本书将投入指标中公众提供的救灾总资金占受灾地区灾民基本生活需求的比值定义为公众救灾总资金覆盖率,以此衡量受灾地区灾民基本生活需求的满足程度。其中灾民基本生活需求=每位灾民每天生活最低需求×总受灾人口数×受救助天数。

通过以上分析,构建了公众参与自然灾害应急救助的效率评价指标体系,如图 5.1 所示。

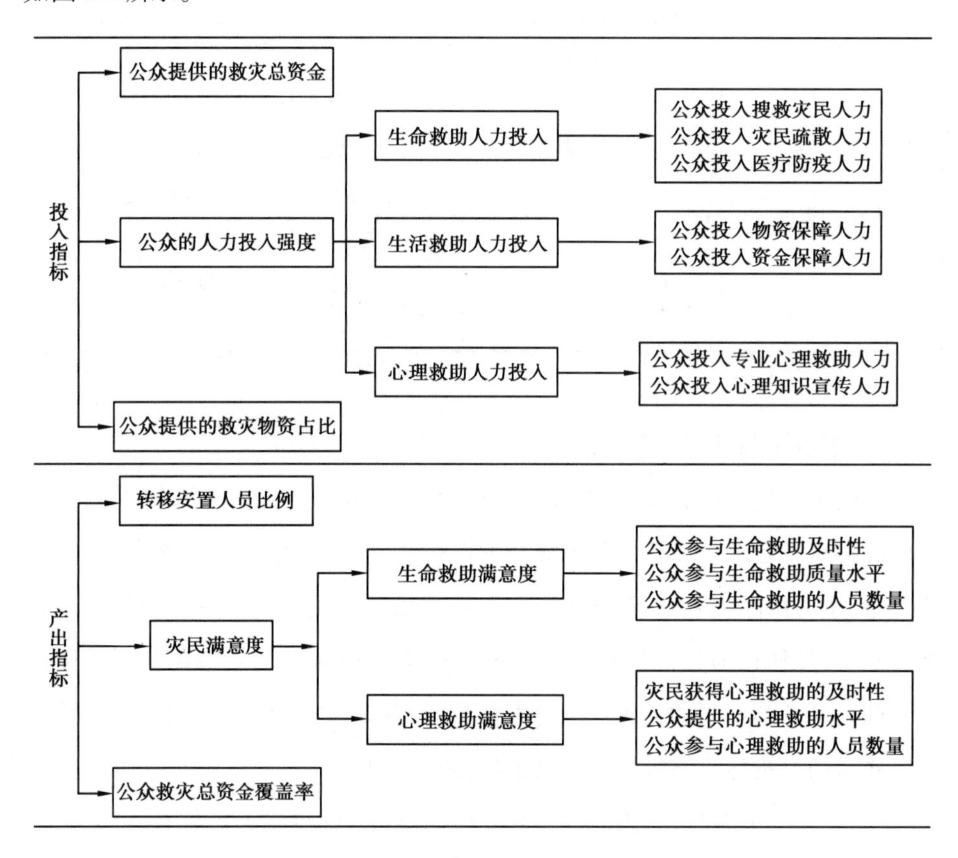

图 5.1　公众参与自然灾害应急救助的效率评价指标体系

5.2　评价模型的构建

5.2.1　确定型 DEA 及基本模型介绍

DEA 法即数据包络分析法，DEA 法以相对效率为基础概念，是一个采用了多个决策单元（DMU）的数学规划模型，这些决策单元包含了多产出和多投入，可以用来对决策单元的相对有效性即效率进行评价[202]。该方法现已广泛应用于不同的学科和领域。数据包络分析法进行效率评价的原理是确定决策单元相对有效的生产前沿面,通过数学规划和统计数据的方法将所有的决策单元放到 DEA 的生产前沿面当中,然后将这些决策单元与 DEA 生产前沿面进行比较,计算偏离程度,以此来对决策单元的相对有效性进行评价。如果没有偏离,那么这些决策单元就是有效单元,如果决策单元完全不在生产前沿面上,该决策单元被称为无效单元。其基本模型包括:CCR 模型、BCC 模型以及 SE 模型。CCR 模型是在假设规模报酬不变的情况下,而 BCC 模型则假设规模报酬可变。本书主要对 CCR 模型以及 SE 模型进行介绍。

1)CCR 模型

CCR 模型是基础的、传统的 DEA 模型,CCR 模型是假设生产过程为固定规模收益的,它满足产出值与投入值等比例增加或减少,并没有考虑规模报酬递增或规模报酬递减的情况。具体表达式如式(5-1)所示:

$$\begin{aligned}
&\min[\theta - \varepsilon(e^T s^- + e^T s^+)] \\
&\sum_{j=1}^{n} \lambda_j X_j + S^- = \theta X_{j_0} \\
&\sum_{j=1}^{n} \lambda_j Y_j - S^+ = Y_{j_0} \\
&\lambda_j \geqslant 0, S^+ \geqslant 0, S^- \geqslant 0, j = 1,2,\cdots,n
\end{aligned} \tag{5-1}$$

其中,θ 为 DEA 中决策单元的效率评价指数,$X_j=(x_{1j},\cdots,x_{mj})$ 表示决策单元 j 的投入,m 表示决策单元共进行了 m 项投入,$Y_j=(y_{1j},\cdots,y_{sj})$ 表示决策单元 j 的产出,s 代表决策单元共有 s 项产出。S^-,S^+ 为线性规划表达式中的松弛变量,设 $e_m=(1,1,\cdots,1)^T$,$e_S=(1,1,\cdots,1)^T$,$e_m \in E^m$,$e_S \in E^s$,若 $\theta=1$,$e_1^T s^+ + e_2^T s^- > 0$,则该决策单元仅为弱 DEA 有效;若 $\theta=1$,$e_1^T s^+ + e_2^T s^- = 0$,则该决策单元为 DEA 有效;$\theta<1$时,决策单元为无效评价单元。

2)SE 模型

1993 年,Petersen 与 Andersen 创建了超效率 DEA 评价模型,也就是 super-efficiency DEA,可以简称为 SE-DEA。超效率 DEA 模型在 CCR 模型的基础上进行了改进,CCR 模型只可以分辨决策单元是否有效,而没有办法对有效的决策单元进行评价,也就是说无法给出决策单元效率的详细情况,而超效率 DEA 模型对此问题进行了改进。利用超效率 DEA 模型进行评价的原理是:将需要评价的决策单元排除在外,然后将其余的决策单元作为评价的依据,其余决策单元的投入量与产出量形成线性组合作为标准,将此标准与需要评价的决策单元的投入量和产出量进行比较,如果投入产出比小于 1,那么就可以认定这个被评价的决策单元是无效的,如果投入产出比大于 1,则认为被评价的决策单元是相对有效的,评价值越大,则相对有效程度越高,通过此方法可以对决策单元的效率进行排序。具体表达式如式(5-2)所示:

$$
\begin{aligned}
&\min[\theta - \varepsilon(e^T s^- + e^T s^+)] \\
&\sum_{j=1,j\neq j_0}^{n} \lambda_j X_j + S^- = \theta X_{j_0} \\
&\sum_{j=1,j\neq j_0}^{n} \lambda_j Y_j - S^+ = Y_{j_0} \\
&\lambda_j \geqslant 0, S^+ \geqslant 0, S^- \geqslant 0, j = 1,2,\cdots,n
\end{aligned}
\tag{5-2}
$$

式(5-2)中,每一个变量和 CCR 模型当中的变量都有相同的含义,判断决策单元有效与否的方法也是一样的。与 CCR 模型不同之处是会出现被评价单元效率值大于 1 的情况。

5.2.2 模糊超效率 DEA 模型

确定型的 DEA 要求投入以及产出都为精确的数值,在实际的活动中,由于信息缺失或为定性指标等影响,不能用精确的数值来描述,模糊 DEA 可以解决此问题。下面以模糊超效率 DEA 模型进行介绍。计算公式如式(5-3)所示:

$$
\begin{aligned}
&\min[\theta - \varepsilon(e^T s^- + e^T s^+)] \\
&\sum_{j=1,j\neq j_0}^{n} \lambda_j \tilde{X}_j + S^- = \theta \tilde{X}_{j_0} \\
&\sum_{j=1,j\neq j_0}^{n} \lambda_j \tilde{Y}_j - S^+ = \tilde{Y}_{j_0} \\
&\lambda_j \geqslant 0, S^+ \geqslant 0, S^- \geqslant 0, j = 1,2,\cdots,n
\end{aligned}
\tag{5-3}
$$

$\tilde{X}_j=(\tilde{x}_{1j},\cdots,\tilde{x}_{mj})$为模糊输入向量，$\tilde{Y}_j=(\tilde{y}_{1j},\cdots,\tilde{y}_{sj})$为模糊输出向量。其他公式中各个变量的含义与确定型 DEA 各变量的含义相同。模糊超效率 DEA 模型对应的模糊生产可能集为式(5-4)：

$$
\tilde{T} = \{(\tilde{X}, \tilde{Y}) \mid \sum_{j=1,j\neq j_0}^{n} \lambda_j \tilde{X}_j \leqslant \tilde{X}, \sum_{j=1,j\neq j_0}^{n} \lambda_j \tilde{Y}_j \leqslant \tilde{Y}, \lambda_j \geqslant 0, j = 1,2,\cdots,n\}
\tag{5-4}
$$

由 5.1.3 中建立的公众参与自然灾害应急救助的效率评价指标体系中可知，本书的投入产出中均含有定性的指标，没有精确的数据，因此需要用模糊 DEA 模型进行评价。此外，公众参与自然灾害应急救助的效率评价中，可能会出现多个效率值为 1 的事件，用 CCR 模型无法对效率进行进一步的排序。因此本书选取模糊超效率 DEA 模型进行公众参与自然灾害应急救助的效率评价。

5.2.3 层次分析法确定指标权重

层次分析法的基本思想是将要决策的问题按总目标、各层子目标、评价准则、具体方案的顺序分解为不同的层次结构，然后用求解判断矩阵特征向量的办法，求得每一层次的各元素对上一层某元素的权重。本书需要利用层次分析法对投入指标中的公众人力投入强度以及产出指标中的灾民满意度的各级指标进行权重的确定。应用方根法求解，步骤如下：

1)建立递阶层次结构

层次结构分为目标层、准则层以及方案层。公众人力投入强度、灾民满意度为目标层;生命救助人力投入、生活救助人力投入、心理救助人力投入、生命救助满意度、心理救助满意度为准则层。准则层下再具体划分对应的方案层指标。详见表 5.2 及表 5.3 中公众人力投入强度及灾民满意度层次结构。

2)构造判断矩阵

引用 Saaty 设计的目标间相对重要性等级,用 1~9 比率标度法由专家通过两两指标间的重要性比较,进行打分得到 b_{ij},构造判断矩阵。打分标准见表 5.4。

表 5.4　1~9 比率标度法

相对重要程度	定义	说明
1	同等重要	两个指标同等重要
3	略微重要	一个指标比另一个指标稍重要
5	相当重要	一个指标比另一个指标更重要
7	明显重要	深感一个指标比另一个重要,且有明显的证明
9	绝对重要	强烈感到一个指标比另一个指标重要得多
2,4,6,8	两相邻判断的中间值	折中使用

3)计算指标的权重

指标乘积:

$$M_i = \prod_{i=1}^{n} b_{ij}(i = 1,2,\cdots n) \tag{5-5}$$

指标乘积开方:

$$\overline{W_i} = \sqrt[n]{M_i}(i = 1,2,\cdots,n) \tag{5-6}$$

向量正规化:

$$W_i = \frac{\overline{W_i}}{\sum_{i=1}^{n} \overline{W_i}}(i = 1,2,\cdots,n) \tag{5-7}$$

则 $W_1, W_2, W_3, \cdots, W_i$ 为所求每个指标的权重。

4)一致性检验

一致性比率 CR:

$$CR = \frac{CI}{RI} \tag{5-8}$$

其中:

$$CI = \frac{\lambda_{\max} - n}{n - 1} \tag{5-9}$$

$$\lambda_{\max} = \sum_{i=1}^{n} \frac{(AW)_i}{(nW_i)} \tag{5-10}$$

A 为判断矩阵;RI 为判断矩阵的平均随机一致性指标,不同阶数取值见表5.5。

表 5.5　判断矩阵的平均随机一致性指标 RI 值

阶数	1	2	3	4	5	6	7	8	9
RI	0	0	0.58	0.9	1.12	1.24	1.32	1.41	1.45

当 $CR<0.1$ 时,判断矩阵一致性检验通过,则 $W_1, W_2, W_3, \cdots, W_i$ 为每个指标的权重。

5.2.4　定性指标的模糊综合评价

对灾民满意度以及公众人力投入强度需要利用模糊综合评价法对指标进行定性评价。模糊综合评价法的基本原理是:首先确定被评判对象的指标集和评价集;然后确定每个评价指标的权重和隶属度向量,得到模糊评价矩阵;最后将评价指标的权重向量和评价矩阵进行合成计算,得到模糊综合评价结果。具体的步骤如下:

1)确立指标因素集

指标因素集是指被评价对象的各维度的指标构成的集合,指标因素集可以对被评价对象进行全面的描述。若被评价对象包含 N 个指标,则指标因素集可以表示为 $X=(X_1,X_2,X_3,\cdots,X_n)$,对于灾民满意度的层次结构,不同层次的指标表示如下:准则层的指标为 $C=(C_1,C_2,C_3)$,方案层的指标为 $C_i=(C_{i1},C_{i2},\cdots,C_{ij})$,其中 C_{ij} 为第 i 个准则层下的第 j 个指标。对于公众人力投入强度,不同层次的指标表示如下:准则层的指标为 $B=(B_1,B_2,B_3)$,方案层的指标为 $B_i=(B_{i1},B_{i2},\cdots,B_{ij})$,其中 B_{ij} 为第 i 个准则层下的第 j 个指标。

2)构建评语集

评语集即评价者对被评价对象做出各种评价结果组成的集合,按照评价的等级划分为 j 个,评价等级构成的集合为 $V=(v_1,v_2,\cdots,v_j)$。其中 v_j 代表第 j 个评价结果,j 为总的评价结果数。将灾民满意度的评价等级分为{很满意、满意、一般、不满意、很不满意},将公众人力投入强度的评价等级分为{很高、高、一般、低、很低}。

3)指标权重的确立

在本书中,对灾民满意度以及公众人力投入强度各指标权重的确立采用5.2.3中的层次分析法,利用专家打分确定各个指标的权重,设定方案层权重集为 W_i,准则层权重集为 W。

4)建立模糊关系矩阵

在构造等级模糊子集后,就要对被评价对象从每个因素上进行量化,即进行单因素评价,确定单因素被评价对象对各级模糊子集的隶属度,进而得到模糊关系矩阵。设有 k 人参与调查,例如对于因素 C_{11},有 d_{11} 人认为“很满意”,有 d_{12} 人认为“满意”,以此类推由 d_{1j} 人认为“很不满意”,且 $\sum_{j=1}^{n} d_{1j}=k$ 。则 C_{11} 的单因素评价向量如式(5-11)所示:

$$R_1=\left(\frac{d_{11}}{k},\frac{d_{12}}{k},\cdots,\frac{d_{1n}}{k}\right) \tag{5-11}$$

同理推广到其他因素,$d_{ij}(i=1,2,\cdots,m,j=1,2,\cdots,n)$ 是评价第 i 项因素 $C_i(i=$

$1,2,\cdots,m$)为第 j 种等级 $v_j(j=1,2,\cdots,n)$ 的票数，$\sum_{j=1}^{n} d_{ij} = k(i=1,2,\cdots,m)$ 为参与调查的总人数,则 $r_{mn}=\frac{d_{mn}}{k}$。

由此可得模糊关系矩阵如式(5-12)所示：

$$R=\begin{bmatrix} r_{11} & r_{12} & \cdots & r_{1n} \\ r_{21} & r_{22} & \cdots & r_{2n} \\ \vdots & \vdots & \vdots & \vdots \\ r_{m1} & r_{m2} & \cdots & r_{mn} \end{bmatrix} \tag{5-12}$$

5)**模糊综合评价**

本书选择 $M=(\cdot,\oplus)$ 算子进行计算,该算子中 · 表示乘法,$\oplus$表示加法。将方案层的指标权重与模糊关系矩阵 R 进行合成,得到一级模糊评价的结果 A_i。如式(5-13)所示：

$$A_i = W_i \cdot R_i = (w_{i1},w_{i2},\cdots,w_{in}) \cdot \begin{bmatrix} r_{11} & r_{12} & \cdots & r_{1n} \\ r_{21} & r_{22} & \cdots & r_{2n} \\ \vdots & \vdots & \vdots & \vdots \\ r_{m1} & r_{m2} & \cdots & r_{mn} \end{bmatrix} = (a_{i1},a_{i2},\cdots,a_{in}) \tag{5-13}$$

为了得到目标层模糊综合评价结果,需要进行二级模糊综合评价。设定进行一级模糊综合评价集为：

$$A_1 = W_1 \cdot R_1 = (a_{11},a_{12},\cdots,a_{1n})$$

$$A_2 = W_2 \cdot R_2 = (a_{21},a_{22},\cdots,a_{2n})$$

$$\vdots$$

$$A_s = W_s \cdot R_s = (a_{s1},a_{s2},\cdots,a_{sn})$$

则二级模糊综合评价模糊关系矩阵 R 为：

$$R = \begin{pmatrix} A_1 \\ A_2 \\ \vdots \\ A_s \end{pmatrix}$$

则二级模糊综合评价集如式(5-14)所示：

$$B = W \cdot R = (B_1, B_2, \cdots, B_s) \tag{5-14}$$

6)分析评价结果

采用最大隶属度原则进行评价，即取模糊综合评价结果 $B=(B_1,B_2,\cdots,B_s)$ 中的最大值，与步骤2)中建立的评语集 $V=(v_1,v_2,\cdots,v_j)$ 相对应的评语即为最终的评价结果。

5.3 评价模型的求解

5.3.1 三角模糊数

对于公众参与自然灾害应急救助的效率评价指标中公众人力投入强度、灾民满意度两个定性指标，我们无法得到精确的数值，只能通过模糊综合评价法得到{很高、高、一般、低、很低}或{很满意、满意、一般、不满意、很不满意}定性的模糊语言进行描述。因此，为了把定性描述定量化，进行下一步应急救助的效率分析，本书引入常用的三角模糊数对评价语言进行定量化处理。三角模糊数可以表示为 $A=(a,b,c)$，其隶属函数如式(5-15)所示：

$$\mu_A(x) = \begin{cases} \dfrac{x-a}{b-a}, a \leqslant x \leqslant b \\ \dfrac{x-c}{b-c}, b \leqslant x \leqslant c \\ 0, x < a \text{ 或 } x > c \end{cases} \tag{5-15}$$

为了简化计算，引入 $A=(a-a_1,a,a+a_2)$ 的三角模糊数来描述，取 $a_1=0.1$，$a_2=0.1$。评价语言为{很高、高、一般、低、很低}或{很满意、满意、一般、不满意、很不满意}，相对应的模糊量化值为(0.9,0.7,0.5,0.3,0.1)。则对应的评价语言的量化值见表 5.6。

表 5.6 评价语言的模糊量化值

评价语言	三角模糊数
很高、很满意	(0.8,0.9,1.0)
高、满意	(0.6,0.7,0.8)
一般	(0.4,0.5,0.6)
低、不满意	(0.2,0.3,0.4)
很低、很不满意	(0.0,0.1,0.2)

5.3.2 模糊超效率 DEA 模型求解方法

模糊超效率 DEA 模型有三种解法，第一种解法是将模糊数求均值，把求得的均值作为定性指标的定量值代入超效率 DEA 模型中进行运算，此方法人为地把模糊型 DEA 变为确定型，评价结果不准确。第二种解法是基于模糊数排序，把投入产出指标中模糊数的主值、左右边界作为定性指标的定量值代入超效率 DEA 模型中进行运算，应用此方法会人为增加指标数从而使决策单元的有效性增大。第三种解法是基于模糊数 α-截集求解，对任意的模糊数 $\tilde{A}$，在 α 上取截集，可以得到一个区间 $A_\alpha=[A_\alpha^L,A_\alpha^R]$，把其代入极大值规划与极小值规划中，可以得到被评价单元的最大值和最小值范围$[(\theta^*)_\alpha^L,(\theta^*)_\alpha^R]$，再对被评价单元进行排序。该方法求解较为精确，因此选用此方法进行模型求解。具体求解步骤如下：

①首先把评价语言对应的三角模糊数 $(\underline{a},a,\overline{a})$ 取其 α-截集转化为区间数，

转化公式如式(5-16)所示：

$$\left[\left(1-\frac{\alpha}{2}\right)\underline{a}+\frac{\alpha}{2}\bar{a},\frac{\alpha}{2}\underline{a}+\left(1-\frac{\alpha}{2}\right)\bar{a}\right] \tag{5-16}$$

②再把模糊超效率 DEA 模型转化为极大值规划和极小值规划进行求解。

在一定的置信水平 α 下，模糊超效率 DEA 模型的极大值规划如式(5-17)所示：

$$\begin{aligned}
&\min[\theta-\varepsilon(e^T s^- + e^T s^+)]\\
&\sum_{j=1,j\neq j_0}^{n}\lambda_j X_{j\alpha}^{R} + S^- = \theta X_{j_0\alpha}^{L}\\
&\sum_{j=1,j\neq j_0}^{n}\lambda_j Y_{j\alpha}^{L} - S^+ = Y_{j_0\alpha}^{R}\\
&\lambda_j \geqslant 0, S^+ \geqslant 0, S^- \geqslant 0, j=1,2,\cdots,n
\end{aligned} \tag{5-17}$$

$X_{j\alpha}^{R}$ 为第 j 个评价单元的投入指标 X 在 α 置信水平下的右区间值，$X_{j_0\alpha}^{L}$ 为被评价单元 j_0 的投入指标 X 在 α 置信水平下的左区间值。同理，$Y_{j\alpha}^{L}$ 为第 j 个评价单元的产出指标 Y 在 α 置信水平下的左区间值，$Y_{j_0\alpha}^{R}$ 为被评价单元 j_0 的产出指标 Y 在 α 置信水平下的右区间值。由上式可以得到在给定的置信水平 α 下，决策单元的最大效率值 $(\theta^*)_\alpha^R$。

在一定的置信水平 α 下，模糊超效率 DEA 模型的极小值规划如式(5-18)所示：

$$\begin{aligned}
&\min[\theta-\varepsilon(e^T s^- + e^T s^+)]\\
&\sum_{j=1,j\neq j_0}^{n}\lambda_j X_{j\alpha}^{L} + S^- = \theta X_{j_0\alpha}^{R}\\
&\sum_{j=1,j\neq j_0}^{n}\lambda_j Y_{j\alpha}^{R} - S^+ = Y_{j_0\alpha}^{L}\\
&\lambda_j \geqslant 0, S^+ \geqslant 0, S^- \geqslant 0, j=1,2,\cdots,n
\end{aligned} \tag{5-18}$$

$X_{j\alpha}^{L}$ 为第 j 个评价单元的投入指标 X 在 α 置信水平下的左区间值，$X_{j_0\alpha}^{R}$ 为被

评价单元j_0的投入指标X在α置信水平下的右区间值。同理,$Y_{j\alpha}^{R}$为第j个评价单元的产出指标Y在α置信水平下的右区间值,$Y_{j_0\alpha}^{L}$为被评价单元j_0的产出指标Y在α置信水平下的左区间值。由上式可以得到在给定的置信水平α下,决策单元的最小效率值$(\theta^*)_\alpha^L$。

5.3.3　基于 MATLAB 程序求解模糊超效率 DEA 模型

对于以上模糊超效率 DEA 模型极大值规划和极小值规划,用 MATLAB 程序求解。程序源代码如下所示:

```
>> X1=[ ];
    X=X1 ';
    Y1=[ ];
    Y=Y1 ';
    X0=[ ];
    Y0=[ ];
n=size(X,2);m=size(X,1);s=size(Y,1);
epsilon=10^-10;
f=[zeros(1,n) -epsilon * ones(1,m+s) 1];
>>Aeq=[X      eye(m)      zeros(m,s)      -X0
       Y      zeros(S.m)      -eye(s)      zeros(s,1)];
>>beq=[zeros(m, 1)
       Y0];
>> LB=zeros(n+m+s+1,1); UB=[ ];
>>[x,y]=linprog(f,[ ],[ ],Aeq, beq, LB, UB)
```

5.3.4　模糊决策单元有效性排序-基于α-截集

通过对极大值规划以及极小值规划进行运算,可以得到在某一个置信水平

α 下决策单元有效性的一个闭区间$[(\theta^*)_\alpha^L,(\theta^*)_\alpha^R]$,但是无法对决策单元进行排序,需要进行进一步的处理。

在置信水平 α 为[0,1]内均匀取 α=0.1,0.2,0.3,0.4,0.5,0.6,0.7,0.8,0.9,1.0。分别得到模糊决策单元有效性的极大值$(\theta^*)_\alpha^R$ 以及极小值$(\theta^*)_\alpha^L$,依据式(5-19)求得决策单元平均置信水平的效率值 $\bar{\theta}$。

$$\bar{\theta}=\frac{\sum\alpha_i[(\theta^*)_{\alpha_i}^R+(\theta^*)_{\alpha_i}^L]}{2\sum\alpha_i} \tag{5-19}$$

通过此方法可以计算出模糊决策单元的效率值为一个实数。$\bar{\theta}$ 值大于等于 1 为有效决策单元,$\bar{\theta}$ 小于 1 为无效决策单元。并依据 $\bar{\theta}$ 值的大小进行排序。

6 公众参与自然灾害应急救助效率评价的实证研究

6.1 样本选取

我国自然灾害发生频繁，公众积极投入到各种自然灾害应急救助中，基于数据的可得性以及样本的代表性，以人员伤亡、房屋倒塌、农作物受灾面积、直接经济损失为依据选取评价实例，本书选取 16 例公众参与自然灾害应急救助实例作为评价对象，见表 6.1。

表 6.1 评价实例表

灾害实例	灾害造成的损失
2008 年汶川地震	69 227 人死亡，374 643 人受伤，17 923 人失踪，直接经济损失 8 452.15 亿元
2008 年特大雪灾	农作物受灾面积 1.78 亿亩，倒塌房屋 48.5 万间，损坏房屋 168.6 万间，因灾直接经济损失 1 516.5 亿元
2009 年云南姚安地震	民房倒塌 19 308 间，损坏 218 903 间，1 183 209 人受灾，直接经济损失约 27 亿元
2010 年南方洪涝	143.2 万人受灾，倒塌房屋 6 000 多间，直接经济损失约 20.4 亿元
2010 年西南旱灾	耕地受旱面积 1.16 亿亩，有 2 425 万人、1 584 万头大牲畜因旱饮水困难
2010 年甘肃舟曲特大泥石流	约 4.7 万平方米被泥石流掩埋，直接经济损失约合 4 亿元
2010 年青海玉树地震	地震已造成 1 744 人死亡，失踪 313 人，9 110 人受伤，受灾人数 20 万人，15 000 座民房倒塌
2010 年陕西安康山体滑坡	104.7 万人受灾，直接经济损失 12.5 亿元以上
2010 年新疆雪灾	130.5 万人受灾，倒塌房屋 4.1 万间，损坏房屋 16.7 万间，因灾直接经济损失达 12.7 亿元
2010 年贵州关岭山体滑坡	63 个乡镇受灾，农作物受灾 13 千公顷，倒塌房屋 292 间，受灾人口 36.4 万人

续表

灾害实例	灾害造成的损失
2012 年彝良地震	74.4 万人受灾，房屋倒塌 7 138 户，共计 30 600 间，灾害造成的直接经济损失为 37.04 亿元
2012 年甘肃岷县泥石流	35.8 万人受灾，直接经济损失高达 68.4 亿元
2013 年雅安地震	受灾人口 38.3 万，受灾面积 12 500 平方千米
2014 年云南省鲁甸地震	受灾范围 108.84 万人受灾，8.09 万间房屋倒塌
2014 年云南省景谷地震	受灾人口 92 700 人，经济损失合计约 17 亿元
2017 年九寨沟地震	176 492 人受灾，73 671 间房屋不同程度受损，共造成经济损失约 1.144 6亿元

6.2 数据处理

为了便于对指标数据进行处理与表示，对公众参与自然灾害应急救助的效率评价指标体系中的指标以及评价单元赋予代号，其中：公众提供的救灾总资金为 X_1、公众投入的人力强度为 X_2、公众提供的救灾物资占比为 X_3、灾民满意度为 Y_1、转移安置人员比例为 Y_2、公众救灾总资金覆盖率为 Y_3，评价单元 DMU 分别为汶川地震为 DMU1、特大雪灾为 DMU2、云南姚安地震为 DMU3、南方洪涝为 DMU4、2010 年西南旱灾为 DMU5、甘肃舟曲特大泥石流为 DMU6、青海玉树地震为 DMU7、陕西安康山体滑坡为 DMU8、新疆雪灾为 DMU9、贵州关岭山体滑坡为 DMU10、彝良地震为 DMU11、甘肃岷县泥石流为 DMU12、雅安地震为 DMU13、云南省鲁甸地震为 DMU14、云南省景谷地震为 DMU15、九寨沟地震为 DMU16。

6.2.1 定量指标数据来源

通过对文献及现实经验的总结发现,在自然灾害应急救助阶段,公众参与主要集中于灾害发生一周内。因此获取的相关数据均为灾害发生一周内公众提供的救灾总资金 X_1(亿元)、公众提供的救灾物资占比 X_3(%)、转移安置人员比例 Y_2(%)、公众救灾总资金覆盖率 Y_3(%)。数据来源见表 6.2。

表 6.2　定量指标数据来源

灾害实例	数据来源
汶川地震	汶川地震社会捐赠款物审计结果;新华网救灾专题;2008 年度中国慈善捐助报告;2008 年中国红十字报;四川省地震局官网
特大雪灾	2008 年度中国慈善捐助报告;财新网中国南方雪灾专题;中国民政部官网;中国审计署官网;中国应急管理部官网
姚安地震	云南省民政局官网;云南省政府官网;中国应急管理部官网;中国红十字会官网;云南省地震局官网
南方洪涝	人民网 2010 年南方特大暴雨专题;中国应急管理部官网;中国红十字会官网;中国民政部官网
西南旱灾	中国红十字基金会春雨行动;新浪网西南地区旱灾专题;央视网西南旱灾专题报道;中国应急管理部官网
甘肃舟曲特大泥石流	甘肃省政府网;兰州新闻网专题报道;甘肃省应急管理厅官网;中国地质环境信息网地质灾害灾情险情报告
青海玉树地震	青海新闻网专题报道;人民网救灾专题;青海省应急管理厅;青海省地震局官网;中国红十字报;中国应急管理部官网
陕西安康山体滑坡	安康市人民政府官网;中国地质环境信息网地质灾害灾情险情报告;陕西省应急管理厅
新疆雪灾	中国民政部官网;新疆维吾尔自治区人民政府网;中国新闻网专题报道;中国应急管理部官网
贵州关岭山体滑坡	新华网救灾专题报道;贵州省政府官网;中国民政部官网;《中国减灾》;中国红十字会官网

续表

灾害实例	数据来源
彝良地震	云南省人民政府官网;云南省地震局官网
甘肃岷县泥石流	甘肃省政府网;人民网专题报道;甘肃省应急管理厅官网;中国地质环境信息网地质灾害灾情险情报告
雅安地震	四川省地震局;人民网救灾专题;中国应急管理部官网;四川省应急管理厅;四川省政府官网
鲁甸地震	中国红十字基金会;中国政府网专题;云南省人民政府官网;云南省地震局官网
景谷地震	光明网专题;云南省人民政府网
九寨沟地震	中国地震局官网;四川省地震局官网;四川省应急管理厅;四川省人民政府官网

6.2.2　定性指标数据收集与检验

由 6.1 可知,本书选取了 16 例具有代表性的自然灾害事件进行公众参与自然灾害应急救助的效率评价。因此,对其产出指标灾民满意度的调查对象应为与灾害相对应的受灾群众。在 2019 年 1—3 月期间,课题组向四川省汶川县、雅安市、九寨沟县,云南省景谷县、鲁甸县、彝良县、姚安县,甘肃省舟曲县、岷县,陕西省、贵州关岭县灾民通过线上线下共发放 960 份调查问卷(详见附录 C),共回收 872 份。对于投入指标中公众人力投入强度的调查对象选取了来自四川省慈善总会、四川省地震局、云南省红十字会、云南省减灾委员会、甘肃省应急管理厅、陕西省红十字会、陕西省减灾委员会、贵州省红十字会、湖南省减灾委员会共 65 名专家,通过电子邮件发放问卷(详见附录 D)进行调查,然后将问卷全部收回。

获得问卷数据,采用 SPSS 软件对问卷的信度及效度进行检验,以保证问卷数据的可靠性[203]。信度是指数据的可靠程度,由表 6.3 可知,灾民满意度问卷信度分析克隆巴赫 Alpha 系数在 0.9 以上,说明信度评价理想。效度是指检验量表的有效性,通过 SPSS 分析得到表 6.4,灾民满意度问卷效度 KMO 值为 0.924,且巴特利特球形度检验相伴概率为 0,说明问卷效度好。对公众人力投入强度调查问卷分析,由表 6.5 可知,克隆巴赫 Alpha 系数在 0.9 以上,说明信度评价可信。由表 6.6 得到,KMO 值为 0.872,且巴特利特球形度检验相伴概率为 0,说明问卷效度良好。

表 6.3　灾民满意度问卷信度分析结果

指标	克隆巴赫 Alpha	项数
C_1	0.961	3
C_2	0.946	3
总信度	0.953	6

表 6.4　灾民满意度问卷效度分析结果

KMO 和巴特利特检验		
KMO 取样适切性量数	0.924	
巴特利特球形度检验	近似卡方	1 749.452
	自由度	36
	显著性	0.000

表 6.5　公众人力投入强度问卷信度分析结果

指标	克隆巴赫 Alpha	项数
B_1	0.942	3
B_2	0.964	2
B_3	0.981	2
总信度	0.972	7

表 6.6 公众人力投入强度问卷效度分析结果

KMO 和巴特利特检验		
KMO 取样适切性量数	0.872	
巴特利特球形度检验	近似卡方	7 937.487
	自由度	820
	显著性	0.000

6.2.3 定性指标权重的确定

为了确定公众人力投入强度以及灾民满意度的各级指标的权重，应用 5.2.3 中层次分析法，通过专家对同一层级间的指标两两重要性比较进行打分，得到判断矩阵。本书共选取了 11 名专家进行打分，分别来自四川省红十字会、四川省地震局、甘肃省应急管理厅、陕西省减灾委员会、云南省红十字会、中国地震局地震研究所、黑龙江省红十字会。调查方式采用电子邮件问卷调查（详见附录 E），将打分的数据整理后，剔除无效问卷，将各个专家打分的权重求均值，得到各个指标的最终权重值。以其中一位专家的打分进行说明。

对公众人力投入强度下的三个准则层的指标参与生命救助的人力投入 B_1、参与生活救助的人力投入 B_2、参与心理救助的人力投入 B_3 进行打分，得到判断矩阵见表 6.7。

表 6.7 B-B_1、B_2、B_3 两两判断矩阵

B	B_1	B_2	B_3
B_1	1	4	3
B_2	1/4	1	2
B_3	1/3	1/2	1

第一步，根据表 5.4 进行打分，由评分结果构造判断矩阵 A 如下：

$$A=\begin{bmatrix}1 & 4 & 3\\1/4 & 1 & 2\\1/3 & 1/2 & 1\end{bmatrix}$$

第二步，由式(5-6)指标乘积开方：

$$\overline{W}_1=\sqrt[3]{1\times 4\times 3}=2.289\ 4$$

$$\overline{W}_2=\sqrt[3]{1/4\times 1\times 2}=0.793\ 7$$

$$\overline{W}_3=\sqrt[3]{1/3\times 1/2\times 1}=0.550\ 3$$

第三步，由式(5-7)对向量 $\overline{W}$ 进行归一化处理得：

$$W_1=\frac{2.289\ 4}{2.289\ 4+0.793\ 7+0.550\ 3}=0.630\ 1$$

$$W_2=\frac{0.793\ 7}{2.289\ 4+0.793\ 7+0.550\ 3}=0.218\ 4$$

$$W_3=\frac{0.550\ 3}{2.289\ 4+0.793\ 7+0.550\ 3}=0.151\ 5$$

其中所求的 W_1,W_2,W_3，为指标的权重值。

第四步，对所求权重进行一致性检验，保证专家逻辑上的一致性。判断矩阵和特征向量的乘积为：

$$AW=\begin{bmatrix}1 & 4 & 3\\1/4 & 1 & 2\\1/3 & 1/2 & 1\end{bmatrix}\times\begin{bmatrix}0.630\ 1\\0.218\ 4\\0.151\ 5\end{bmatrix}=\begin{bmatrix}1.958\ 2\\0.678\ 9\\0.470\ 7\end{bmatrix}$$

由式(5-10)计算出最大特征根为：$\lambda_{\max}=\frac{1}{3}\left(\frac{1.958\ 2}{0.630\ 1}+\frac{0.678\ 9}{0.218\ 4}+\frac{0.470\ 7}{0.151\ 5}\right)=3.107\ 7$。

由式(5-9)得 $CI=\frac{3.107\ 7-3}{3-1}=0.053\ 9$。

根据表 5.5 得到 3 阶平均随机一致性指标为 $RI=0.58$。

最后由式(5-8)计算一致性比率 $CR=CI/RI=0.092\ 8$，由于 $CR<0.1$，则判断

矩阵的一致性通过检验。

因此,公众人力投入强度下的三个准则层的指标参与生命救助的人力投入 B_1、参与生活救助的人力投入 B_2、参与心理救助的人力投入 B_3 的权重分别为 0.630 1、0.218 4、0.151 5。同理,可得以下各指标的权重值。

对公众人力投入强度准则层的指标生命救助的人力投入 B_1 下三个方案层的指标公众投入搜救灾民人力 B_{11}、公众投入灾民疏散人力 B_{12}、公众投入医疗防疫人力 B_{13}进行打分,得到判断矩阵见表 6.8。

表 6.8 B_1-B_{11}、B_{12}、B_{13}两两判断矩阵

B_1	B_{11}	B_{12}	B_{13}
B_{11}	1	2	1/3
B_{12}	1/2	1	1/3
B_{13}	3	3	1

通过计算可得:$W=(0.249\ 3, 0.157\ 1, 0.593\ 6)^T$,$\lambda_{max}=3.053\ 9$,$CI=0.027$,$RI=0.58$,$CR=CI/RI=0.046<0.1$,一致性检验通过,得到生命救助人力投入下公众投入搜救灾民人力 B_{11}、公众投入灾民疏散人力 B_{12}、公众投入医疗防疫人力 B_{13}的权重分别为 0.249 3、0.157 1、0.593 6。

对公众人力投入强度准则层的指标生活救助人力投入 B_2 下两个方案层的指标公众投入物资保障人力 B_{21}、公众投入资金保障人力 B_{22}进行打分,得到判断矩阵见表 6.9。

表 6.9 B_2-B_{21}、B_{22}两两判断矩阵

B_2	B_{21}	B_{22}
B_{21}	1	2
B_{22}	1/2	1

通过计算可得：$W=(0.67,0.33)^T$，$RI=0$，二阶矩阵无须进行一致性检验，得到生活救助人力投入下公众投入物资保障人力 B_{21}、公众投入资金保障人力 B_{22} 的权重分别为0.67、0.33。

对公众人力投入强度准则层的指标心理救助人力投入 B_3 下两个方案层的指标专业心理救助人力 B_{31}、心理知识宣传人力 B_{32} 进行打分，得到判断矩阵见表6.10。

表6.10　B_3-B_{31}、B_{32} 两两判断矩阵

B_3	B_{31}	B_{32}
B_{31}	1	3
B_{32}	1/3	1

通过计算可得：$W=(0.75,0.25)^T$，$RI=0$，二阶矩阵无须进行一致性检验，得到心理救助人力投入下的两个方案层的指标专业心理救助人力 B_{31}、心理知识宣传人力 B_{32} 的权重分别为0.75、0.25。

对灾民满意度下的两个准则层的指标生命救助满意度 C_1、心理救助满意度 C_2 进行打分，得到判断矩阵，见表6.11。

表6.11　C-C_1、C_2 两两判断矩阵

C	C_1	C_2
C_1	1	4
C_2	1/4	1

通过计算可得：$W=(0.8,0.2)^T$，$RI=0$，二阶矩阵无须进行一致性检验，得到灾民满意度下的两个准则层的指标生命救助满意度 C_1、心理救助满意度 C_2 的权重分别为0.8、0.2。

对灾民满意度准则层的指标生命救助满意度 C_1 中的三个方案层的指标灾

民对公众参与生命救助及时性满意度 C_{11}、灾民对公众参与生命救助质量水平满意度 C_{12}、灾民对公众参与生命救助的人力数量满意度 C_{13} 进行打分，得到判断矩阵见表 6.12。

表 6.12 C_1-C_{11}、C_{12}、C_{13} 两两判断矩阵

C_1	C_{11}	C_{12}	C_{13}
C_{11}	1	1/3	1/2
C_{12}	3	1	2
C_{13}	2	1/2	1

通过计算可得：$W=(0.163\ 4, 0.539\ 6, 0.297\ 0)^T$，$\lambda_{max}=3.009\ 3$，$CI=0.004\ 7$，$RI=0.58$，$CR=CI/RI=0.008<0.1$，一致性检验通过，得到生命救助满意度指标下的灾民对公众参与生命救助及时性的满意度 C_{11}、灾民对公众参与生命救助质量水平满意度 C_{12}、灾民对公众参与生命救助的人力数量满意度 C_{13} 的权重分别为 0.163 4、0.539 6、0.297 0。

对灾民满意度准则层的指标心理救助满意度 C_2 下的三个方案层的指标灾民获得心理救助及时性的满意度 C_{21}、灾民对公众提供的心理救助水平满意度 C_{22}、灾民对公众参与心理救助的人力数量满意度 C_{23} 进行打分，得到判断矩阵，见表 6.13。

表 6.13 C_2-C_{21}、C_{22}、C_{23} 两两判断矩阵

C_2	C_{21}	C_{22}	C_{23}
C_{21}	1	1/2	1
C_{22}	2	1	2
C_{23}	1	1/2	1

通过计算可得：$W=(0.25, 0.5, 0.25)^T$，$\lambda_{max}=3$，$CI=0$，$RI=0.58$，$CR=CI/RI=$

0<0.1,一致性检验通过,得到心理救助满意度指标下灾民获得心理救助及时性的满意度 C_{21}、灾民对公众提供的心理救助水平满意度 C_{22}、灾民对公众参与心理救助的人力数量满意度 C_{23}的权重分别为0.25、0.5、0.25。

通过以上计算,得到一位专家对灾民满意度以及公众人力投入强度各个指标的权重值,同理依据此方法得到其他专家打分的各指标权重(详见附录F)。剔除不通过一致性检验的结果后,对11名专家的计算结果求均值得到最终灾民满意度各指标的权重值,见表6.14。公众人力投入强度各指标的权重值见表6.15。

表6.14 灾民满意度各指标的权重值

准则层	权重	方案层	权重
生命救助满意度	0.627 3	公众参与生命救助及时性	0.176 2
		公众参与生命救助质量水平	0.448 8
		公众参与生命救助的人力数量	0.375 0
心理救助满意度	0.372 7	灾民获得心理救助的及时性	0.182 1
		公众提供的心理救助水平	0.425 7
		公众参与心理救助的人力数量	0.392 2

表6.15 公众人力投入强度各指标的权重值

准则层	权重	方案层	权重
生命救助人力投入	0.579 2	公众投入搜救灾民人力	0.342 0
		公众投入灾民疏散人力	0.265 1
		公众投入医疗防疫人力	0.392 9
生活救助人力投入	0.225 9	公众投入物资保障人力	0.538 2
		公众投入资金保障人力	0.461 8
心理救助人力投入	0.194 9	公众投入心理救助人力	0.664 5
		公众投入心理知识宣传人力	0.335 5

6.2.4 公众人力投入强度的模糊综合评价计算

由 6.2.2 调查问卷结果及式(5-12)得到模糊关系矩阵的数据，见表 6.16，其次进行模糊综合评价得到公众人力投入强度的定性评语，以汶川地震中公众人力投入强度评价进行说明。同理依据此方法得到其他灾害实例中公众人力投入强度评价(计算过程详见附录 G)。

表 6.16 汶川地震中公众人力投入强度模糊关系矩阵数据

准则层	方案层	很高	高	一般	低	很低
生命救助人力投入	公众投入搜救灾民人力	0.45	0.29	0.08	0.18	0
	公众投入灾民疏散人力	0.29	0.5	0.14	0.06	0.01
	公众投入医疗防疫人力	0.38	0.31	0.21	0.09	0.01
生活救助人力投入	公众投入物资保障人力	0.58	0	0.22	0.2	0
	公众投入资金保障人力	0.49	0.12	0.18	0.19	0.02
心理救助人力投入	公众投入心理救助人力	0	0	0.56	0.4	0.04
	公众投入心理知识宣传人力	0	0	0.64	0.36	0

$$R_{B_1}=\begin{bmatrix}0.45 & 0.29 & 0.08 & 0.18 & 0\\ 0.29 & 0.5 & 0.14 & 0.06 & 0.01\\ 0.38 & 0.31 & 0.21 & 0.09 & 0.01\end{bmatrix};R_{B_2}=\begin{bmatrix}0.58 & 0 & 0.22 & 0.2 & 0\\ 0.49 & 0.12 & 0.18 & 0.19 & 0.02\end{bmatrix}$$

$$R_{B_3}=\begin{bmatrix}0 & 0 & 0.56 & 0.4 & 0.04\\ 0 & 0 & 0.64 & 0.36 & 0\end{bmatrix}$$

由表 6.15 可得对应的权重分别为 $W_1=(0.342,0.265\ 1,0.392\ 9)^T$、$W_2=(0.538\ 2,0.461\ 8)^T$、$W_3=(0.664\ 5,0.335\ 5)^T$

根据式(5-13)得到一级模糊综合评价集为：

$$A=\begin{bmatrix}0.380\ 1 & 0.353\ 5 & 0.147\ 0 & 0.112\ 8 & 0.006\ 6\\ 0.538\ 4 & 0.055\ 4 & 0.201\ 5 & 0.195\ 4 & 0.009\ 2\\ 0 & 0 & 0.586\ 8 & 0.386\ 6 & 0.026\ 6\end{bmatrix}$$

为得到公众人力投入强度评价结果需要进行二级模糊综合评价：
由表 6.15 可得 $W=(0.579\ 2,0.225\ 9,0.194\ 9)^T$

根据式(5-14)得到二级模糊综合评价结果为：$B=(0.342\ 1,0.216\ 3,0.247\ 1,0.184\ 9,0.013\ 9)$。

根据 5.2.4 中对公众人力投入强度的评语集以及最大隶属度原则，评价结果 B 中最大值 0.342 1 所对应的评语为“很高”。因此得到，公众在汶川地震中人力投入强度很高。其他灾害中公众人力投入强度模糊综合评价结果见表 6.17。

表 6.17 公众人力投入强度模糊综合评价结果

决策单元	公众人力投入强度综合评价结果隶属度	评价结果
DMU1	(0.342 1,0.216 3,0.247 1,0.184 9,0.013 9)	很高
DMU2	(0.066 7,0.130 7,0.428 9,0.346 4,0.050 5)	一般
DMU3	(0.160 8,0.266 4,0.382 3,0.187 0,0.002 3)	一般
DMU4	(0.187 9,0.361 0,0.295 7,0.149 6,0)	高
DMU5	(0.112 7,0.327 9,0.370 7,0.173 2,0.015 5)	一般
DMU6	(0.115 0,0.284 7,0.458 3,0.139 8,0)	一般
DMU7	(0.104 9,0.416 4,0.331 7,0.139 3,0.001 9)	高
DMU8	(0.094 8,0.318 5,0.352 3,0.211 3,0.025 3)	一般
DMU9	(0.106 2,0.390 3,0.336 8,0.161 0,0.007 7)	高
DMU10	(0.155 6,0.427 6,0.260 1,0.151 4,0.001 9)	高
DMU11	(0.109 1,0.225 0,0.430 9,0.212 5,0.025 9)	一般
DMU12	(0.249 8,0.313 9,0.273 3,0.146 0,0.013 6)	高
DMU13	(0.114 4,0.244 6,0.454 2,0.163 2,0.021 3)	一般
DMU14	(0.121 5,0.405 6,0.280 5,0.186 8,0.011 6)	高
DMU15	(0.213 0,0.432 0,0.211 0,0.118 7,0.025 3)	高
DMU16	(0.149 3,0.274 8,0.372 3,0.184 7,0.024 8)	一般

6.2.5　灾民满意度的模糊综合评价计算

首先确定灾民满意度各指标权重，由 6.2.2 调查问卷结果及式(5-12)得到模糊关系矩阵的数据，见表 6.18。然后进行模糊综合评价得到灾民满意度的定性评语，以汶川地震中灾民满意度评价进行说明。同理依据此方法得到其他灾害中灾民满意度评价(计算过程详见附录 H)。

表 6.18　汶川地震中灾民满意度模糊关系矩阵数据

准则层	方案层	很满意	满意	一般	不满意	很不满意
生命救助满意度	公众参与生命救助及时性	0.04	0.15	0.51	0.30	0
	公众参与生命救助质量水平	0.10	0.20	0.48	0.22	0
	公众参与生命救助的人员数量	0.13	0.18	0.50	0.19	0
心理救助满意度	灾民获得心理救助的及时性	0.20	0.31	0.40	0.09	0
	公众提供的心理救助水平	0.18	0.27	0.49	0.06	0
	公众参与心理救助的人员数量	0.15	0.33	0.50	0.02	0

$$R_{C_1} = \begin{bmatrix} 0.04 & 0.15 & 0.51 & 0.3 & 0 \\ 0.10 & 0.20 & 0.48 & 0.22 & 0 \\ 0.13 & 0.18 & 0.50 & 0.19 & 0 \end{bmatrix}; R_{C_2} = \begin{bmatrix} 0.20 & 0.31 & 0.40 & 0.09 & 0 \\ 0.18 & 0.27 & 0.49 & 0.06 & 0 \\ 0.15 & 0.33 & 0.50 & 0.02 & 0 \end{bmatrix}$$

由表 6.14 可得对应的权重分别为 $W_1 = (0.176\,2, 0.448\,8, 0.375\,0)^T$、$W_2 = (0.182\,1, 0.425\,7, 0.392\,2)^T$

根据式(5-13)得到一级模糊综合评价集为：

$$A = \begin{bmatrix} 0.100\,7 & 0.183\,7 & 0.492\,8 & 0.222\,9 & 0 \\ 0.171\,9 & 0.300\,8 & 0.477\,5 & 0.049\,7 & 0 \end{bmatrix}$$

为得到灾民满意度评价结果需要进行二级模糊综合评价：

由表 6.14 可得 $W = (0.627\,3, 0.372\,7)^T$

根据式(5-14)得到二级模糊综合评价结果为：$B = (0.127\,3, 0.227\,3, 0.487\,1,$

0.158 3,0)。

根据5.2.4中对灾民满意度的评语集以及最大隶属度原则,评价结果 B 中最大值0.487 1所对应的评语为“一般”。因此得到,灾民在汶川地震中对公众参与应急救助的满意度为一般。其他灾害中灾民满意度模糊综合评价结果见表6.19。

表6.19　灾民满意度模糊综合评价结果

决策单元	灾民满意度综合评价结果隶属度	评价结果
DMU1	(0.127 3,0.227 3,0.487 1,0.158 3,0)	一般
DMU2	(0.043 8,0.150 3,0.204 1,0.451 8,0.150 2)	不满意
DMU3	(0.132 4,0.369 2,0.238 4,0.224 4,0.035 7)	满意
DMU4	(0.078 3,0.207 1,0.453 5,0.244 3,0.017 0)	一般
DMU5	(0.200 8,0.385 4,0.295 2,0.114 9,0.003 6)	满意
DMU6	(0.079 3,0.231 1,0.514 1,0.173 0,0.002 6)	一般
DMU7	(0.071 6,0.226 2,0.514 1,0.177 9,0.010 1)	一般
DMU8	(0.118 8,0.268 3,0.380 2,0.221 6,0.011 2)	一般
DMU9	(0.080 8,0.108 6,0.268 3,0.453 7,0.088 9)	不满意
DMU10	(0.078 8,0.359 6,0.251 0,0.249 6,0.054 7)	满意
DMU11	(0.108 9,0.424 5,0.259 8,0.196 0,0.010 7)	满意
DMU12	(0.127 3,0.227 3,0.487 1,0.158 3,0)	一般
DMU13	(0.125 1,0.225 7,0.491 0,0.154 3,0.025 1)	一般
DMU14	(0.239 7,0.442 9,0.252 2,0.065 3,0)	满意
DMU15	(0.097 6,0.383 5,0.282 7,0.218 6,0.017 5)	满意
DMU16	(0.112 8,0.369 2,0.290 4,0.223 7,0.003 9)	满意

通过以上分析得到灾民满意度以及公众人力投入强度的定性评语,根据表5.6把得到的定性评语转化为所对应的三角模糊数,进行下一步效率的计算。

定量指标数据来源为表6.2。最终得到公众参与自然灾害应急救助效率评价的投入指标、产出指标的原始数据,见表6.20。

表6.20 投入产出指标原始数据表

DMU	X_1	X_2	X_3	Y_1	Y_2	Y_3
DMU1	797.03	(0.8,0.9,1.0)	13.69	(0.4,0.5,0.6)	69.78	69.50
DMU2	22.75	(0.4,0.5,0.6)	9.62	(0.2,0.3,0.4)	18.32	30.11
DMU3	0.11	(0.4,0.5,0.6)	33.31	(0.6,0.7,0.8)	12.44	68.95
DMU4	40.25	(0.6,0.7,0.8)	54.32	(0.4,0.5,0.6)	8.0	48.86
DMU5	3.7	(0.4,0.5,0.6)	66.3	(0.6,0.7,0.8)	40.48	71.03
DMU6	5.0	(0.4,0.5,0.6)	6.0	(0.4,0.5,0.6)	60.28	49.89
DMU7	40	(0.6,0.7,0.8)	12.5	(0.4,0.5,0.6)	20.89	53.38
DMU8	0.21	(0.4,0.5,0.6)	22.41	(0.4,0.5,0.6)	10.95	51.67
DMU9	0.56	(0.6,0.7,0.8)	7.14	(0.2,0.3,0.4)	14.09	29.99
DMU10	0.02	(0.6,0.7,0.8)	32.89	(0.6,0.7,0.8)	35.46	70.01
DMU11	1.84	(0.4,0.5,0.6)	48.49	(0.6,0.7,0.8)	44.88	68.95
DMU12	0.32	(0.6,0.7,0.8)	54.17	(0.4,0.5,0.6)	78.85	52.04
DMU13	16.96	(0.4,0.5,0.6)	14.21	(0.4,0.5,0.6)	58.75	49.38
DMU14	0.19	(0.6,0.7,0.8)	67.34	(0.6,0.7,0.8)	70.7	72.32
DMU15	0.18	(0.6,0.7,0.8)	9.1	(0.6,0.7,0.8)	61.36	80.21
DMU16	1.29	(0.4,0.5,0.6)	23.6	(0.6,0.7,0.8)	43.41	65.36

6.3 实证结果

首先置信水平 α 在[0,1]上分别取 0.1,0.2,0.3,0.4,0.5,0.6,0.7,0.8,0.9,1.0,运用取 α-截集方法,用式(5-16)把三角模糊数转化为区间数,转化后的区间数列表较长(详见附录Ⅰ)。然后将转化的区间数与定量指标数据代入极大值规划式(5-17)与极小值规划式(5-18)进行运算,求解应用 MATLAB 程序进行计算,详见 5.3.3,得到最大效率值 $(\theta^*)_\alpha^R$ 以及最小效率值 $(\theta^*)_\alpha^L$。其次依据式(5-19)求得平均置信水平效率值 $\bar{\theta}$ 并进行效率值排序,最后得出计算结果见表 6.21。

表 6.21 公众参与自然灾害应急救助的效率计算结果

决策单元	$\alpha=0.1$	$\alpha=0.2$	$\alpha=0.3$
	$[(\theta^*)_{0.1}^L,(\theta^*)_{0.1}^R]$	$[(\theta^*)_{0.2}^L,(\theta^*)_{0.2}^R]$	$[(\theta^*)_{0.3}^L,(\theta^*)_{0.3}^R]$
DMU1	[0.507 3,0.933 2]	[0.507 3,0.884 1]	[0.513 2,0.838 2]
DMU2	[0.248 7,1.078 6]	[0.397 6,1.004 2]	[0.410 1,0.934 7]
DMU3	[0.666 0,2.403 8]	[0.850 4,2.252 9]	[0.867 6,2.112 5]
DMU4	[0.269 3,0.935 5]	[0.390 1,0.875 1]	[0.402 1,0.818 6]
DMU5	[0.536 6,1.863 7]	[0.743 6,1.737 3]	[0.772 4,1.620 2]
DMU6	[1.139 8,1.844 0]	[1.490 0,1.748 4]	[1.490 0,1.679 0]
DMU7	[0.357 3,1.131 8]	[0.525 5,1.069 0]	[0.539 9,1.009 7]
DMU8	[0.457 1,1.391 8]	[0.625 7,1.303 0]	[0.645 3,1.226 1]
DMU9	[0.335 6,0.826 2]	[0.476 5,0.779 6]	[0.476 5,0.746 6]
DMU10	[4.246 8,8.451 4]	[6.851 3,8.279 4]	[6.851 3,8.112 9]
DMU11	[0.536 6,1.863 7]	[0.757 7,1.737 3]	[0.785 4,1.620 2]
DMU12	[0.618 6,1.437 3]	[0.869 0,1.396 4]	[0.885 1,1.356 8]
DMU13	[0.724 2,1.641 0]	[0.710 2,1.548 8]	[0.739 8,1.462 1]
DMU14	[0.552 9,1.603 1]	[0.908 5,1.526 8]	[0.920 2,1.454 9]
DMU15	[4.581 9,4.743 3]	[4.581 9,4.674 3]	[4.581 9,4.674 3]

续表

决策单元	$\alpha=0.1$	$\alpha=0.2$	$\alpha=0.3$
	$[(\theta^*)_{0.1}^L,(\theta^*)_{0.1}^R]$	$[(\theta^*)_{0.2}^L,(\theta^*)_{0.2}^R]$	$[(\theta^*)_{0.3}^L,(\theta^*)_{0.3}^R]$
DMU16	[0.663 9,1.963 0]	[0.806 5,1.745 7]	[0.833 0,1.745 7]
决策单元	$\alpha=0.4$	$\alpha=0.5$	$\alpha=0.6$
	$[(\theta^*)_{0.4}^L,(\theta^*)_{0.4}^R]$	$[(\theta^*)_{0.5}^L,(\theta^*)_{0.5}^R]$	$[(\theta^*)_{0.6}^L,(\theta^*)_{0.6}^R]$
DMU1	[0.530 6,0.800 6]	[0.548 3,0.749 0]	[0.566 5,0.730 7]
DMU2	[0.423 1,0.869 8]	[0.436 6,0.809 1]	[0.450 6,0.752 3]
DMU3	[1.026 7,1.981 6]	[1.058 0,1.859 6]	[1.090 1,1.745 6]
DMU4	[0.414 4,0.765 6]	[0.426 8,0.716 0]	[0.440 3,0.669 4]
DMU5	[0.809 4,1.511 4]	[0.842 9,1.410 3]	[0.877 5,1.316 2]
DMU6	[1.490 0,1.636 1]	[1.490 0,1.594 7]	[1.490 0,1.554 6]
DMU7	[0.554 6,0.953 7]	[0.569 8,0.900 8]	[0.585 4,0.850 7]
DMU8	[0.665 6,1.153 8]	[0.686 7,1.085 8]	[0.708 5,1.021 8]
DMU9	[0.476 5,0.714 7]	[0.476 5,0.683 8]	[0.476 5,0.653 9]
DMU10	[6.851 3,7.951 6]	[6.851 3,7.795 3]	[6.851 3,7.643 6]
DMU11	[0.823 3,1.511 4]	[0.855 9,1.410 3]	[0.889 5,1.316 2]
DMU12	[0.983 3,1.322 3]	[1.008 5,1.290 6]	[1.034 1,1.259 6]
DMU13	[0.770 5,1.380 5]	[0.802 4,1.303 7]	[0.835 4,1.231 4]
DMU14	[1.024 3,1.387 1]	[1.040 7,1.325 5]	[1.057 0,1.271 7]
DMU15	[4.581 9,4.641 0]	[4.581 9,4.616 3]	[4.581 9,4.599 4]
DMU16	[0.860 4,1.647 3]	[0.888 8,1.552 1]	[0.926 4,1.463 0]
决策单元	$\alpha=0.7$	$\alpha=0.8$	$\alpha=0.9$
	$[(\theta^*)_{0.7}^L,(\theta^*)_{0.7}^R]$	$[(\theta^*)_{0.8}^L,(\theta^*)_{0.8}^R]$	$[(\theta^*)_{0.9}^L,(\theta^*)_{0.9}^R]$
DMU1	[0.585 0,0.705 2]	[0.604 0,0.684 0]	[0.623 3,0.663 3]
DMU2	[0.465 2,0.699 2]	[0.480 3,0.649 4]	[0.514 9,0.602 4]
DMU3	[1.150 5,1.639 2]	[1.214 9,1.539 6]	[1.283 5,1.446 5]
DMU4	[0.455 5,0.625 8]	[0.471 2,0.584 8]	[0.487 2,0.546 3]
DMU5	[0.913 5,1.228 6]	[0.950 9,1.147 1]	[0.989 8,1.072 2]
DMU6	[1.490 0,1.515 7]	[1.490 0,1.490 0]	[1.490 0,1.490 0]
DMU7	[0.601 4,0.803 3]	[0.617 9,0.758 5]	[0.637 4,0.715 8]

续表

决策单元	$\alpha=0.7$	$\alpha=0.8$	$\alpha=0.9$
	$[(\theta^*)_{0.7}^L,(\theta^*)_{0.7}^R]$	$[(\theta^*)_{0.8}^L,(\theta^*)_{0.8}^R]$	$[(\theta^*)_{0.9}^L,(\theta^*)_{0.9}^R]$
DMU8	[0.731 0,0.961 5]	[0.754 5,0.904 7]	[0.778 8,0.851 2]
DMU9	[0.476 5,0.624 9]	[0.492 3,0.596 7]	[0.517 2,0.569 4]
DMU10	[6.851 3,7.496 6]	[6.881 4,7.353 8]	[6.977 3,7.215 2]
DMU11	[0.924 8,1.228 6]	[0.962 1,1.147 1]	[1.000 8,1.082 8]
DMU12	[1.060 3,1.229 3]	[1.087 0,1.199 6]	[1.114 3,1.170 6]
DMU13	[0.869 7,1.163 8]	[0.905 3,1.100 6]	[0.942 2,1.040 9]
DMU14	[1.073 4,1.220 4]	[1.089 8,1.171 2]	[1.109 3,1.149 3]
DMU15	[4.581 9,4.581 9]	[4.581 9,4.581 9]	[4.581 9,4.486 2]
DMU16	[0.979 4,1.379 7]	[1.035 9,1.301 7]	[1.228 7,1.228 7]

决策单元	$\alpha=1.0$	$\bar{\theta}$	排序
	$[(\theta^*)_{1.0}^L,(\theta^*)_{1.0}^R]$		
DMU1	[0.643 1,0.643 1]	0.651 3	13
DMU2	[0.555 3,0.555 3]	0.588 8	14
DMU3	[1.359 2,1.359 2]	1.410 6	4
DMU4	[0.510 2,0.510 2]	0.545 6	16
DMU5	[1.030 2,1.030 2]	1.083 6	9
DMU6	[1.490 0,1.490 0]	1.515 1	3
DMU7	[0.673 9,0.673 9]	0.707 6	12
DMU8	[0.804 1,0.804 1]	0.852 0	11
DMU9	[0.543 0,0.543 0]	0.561 4	15
DMU10	[7.080 5,7.080 5]	6.285 4	1
DMU11	[1.041 0,1.041 0]	1.091 2	8
DMU12	[1.142 1,1.142 1]	1.141 1	7
DMU13	[0.984 5,0.984 5]	1.025 9	10
DMU14	[1.129 2,1.129 2]	1.151 4	6
DMU15	[4.581 9,4.581 9]	4.592 2	2
DMU16	[1.160 3,1.160 3]	1.205 2	5

6.4　实证结果分析

通过模糊超效率 DEA 模型对 16 个公众参与自然灾害应急救助实例的效率进行评价研究，通过划分 10 个不同的置信水平，求解得到平均置信水平效率值。效率值大于 1 的为有效决策单元，效率值小于 1 的为无效决策单元。此外，当置信水平 $\alpha=1.0$ 时，可以看出取 α-截集后得到左右区间值相等，且为三角模糊数的主值，计算得到的最小效率值与最大效率值也相等，等同于是确定型超效率 DEA 的计算结果。这也说明，确定型超效率 DEA 实质上是模糊型的特殊情况。

6.4.1　公众参与自然灾害应急救助效率整体分析

从整体评价结果来看，姚安地震 DMU3、西南旱灾 DMU5、甘肃舟曲泥石流 DMU6、贵州关岭山体滑坡 DMU10、彝良地震 DMU11、甘肃岷县泥石流 DMU12、雅安地震 DMU13、鲁甸地震 DMU14、景谷地震 DMU15、九寨沟地震 DMU16 平均置信水平效率值大于 1，为有效决策单元；汶川地震 DMU1、2008 年特大雪灾 DMU2、南方洪涝 DMU4、玉树地震 DMU7、陕西安康泥石流 DMU8、新疆雪灾 DMU9 平均置信水平效率值小于 1，为无效决策单元。样本中有效决策单元占总数的 62.5%，无效决策单元占样本总数的 37.5%。说明公众参与自然灾害应急救助的效率整体较好，但也存在某些自然灾害应急救助中效率较低的情况。

为了直观的体现评价结果，依据 $\overline{\theta}$ 的范围拟订一个公众参与自然灾害应急救助的效率评价标准，见表 6.22。

表 6.22　公众参与自然灾害应急救助效率等级划分标准

平均置信水平效率值 $\bar{\theta}$	评价等级
$\bar{\theta} \geqslant 1$	很好
$0.8 \leqslant \bar{\theta} < 1$	好
$0.6 \leqslant \bar{\theta} < 0.8$	一般
$0.4 \leqslant \bar{\theta} < 0.6$	较差

根据表 6.22 划分的评价等级，将 16 例公众参与自然灾害应急救助的效率评价结果进行分类，见表 6.23。

表 6.23　公众参与自然灾害应急救助的效率评价结果

评价等级	自然灾害样本
很好	姚安地震、西南旱灾、甘肃舟曲泥石流、贵州关岭山体滑坡、彝良地震、甘肃岷县泥石流、雅安地震、鲁甸地震、景谷地震、九寨沟地震
好	陕西安康泥石流
一般	汶川地震、玉树地震
较差	2008 年特大雪灾、南方洪涝、新疆雪灾

6.4.2　公众参与自然灾害应急救助效率个体分析

按照平均置信水平效率值 $\bar{\theta}$ 对评价单元的效率从大到小进行排序，结果为贵州关岭山体滑坡 DMU10>景谷地震 DMU15>甘肃舟曲泥石流 DMU6>姚安地震 DMU3>九寨沟地震 DMU16>鲁甸地震 DMU14>甘肃岷县泥石流 DMU12>彝良地震 DMU11>西南旱灾 DMU5>雅安地震 DMU13>陕西安康泥石流 DMU8>玉树地震 DMU7>汶川地震 DMU1>2008 年特大雪灾 DMU2>新疆雪灾 DMU9>南方洪涝 DMU4。

对于评价等级为“很好”的评价单元,其效率值大于 1,为有效决策单元,从样本个体分析,贵州关岭山体滑坡 DMU10 评价结果最好,是因为该评价单元的投入产出效率最高,投入达到了最大可能性的利用价值。其投入值与其他评价单元相比相差不多甚至较少,但其产出值与其他评价单元基本相同。说明其投入结构与投入规模合理,公众投入的人力、物力、财力都达到了较高的利用价值,使灾民在生命、生活、心理各方面都获得了满足,转移安置人员比例也较高,因此,应急救助效率高。其他效率值大于 1 的评价单元效率高的原因同样是因为其投入产出规模协调,能够使投入的人力、物力、财力利用价值达到最大,没有造成投入资源的浪费。

对于评价结果为“好”的陕西安康泥石流 DMU8,效率值为 0.820 8。其投入相较于其他评价单元较少,产出值也一般,说明在此次自然灾害中,公众投入相对较少,能基本满足灾民需求以及人员安全转移。但如果想提高救助效率,需要扩大其投入规模。

对于评价结果为“一般”的汶川地震 DMU1、玉树地震 DMU7,其效率值分别为 0.652 1、0.681 6。在汶川地震以及玉树地震中,公众投入的人力、物力、财力相比于其他评价单元较多,投入量大,转移安置人员比例与其他评价单元相差不多,但其灾民在生活救助、生命救助、心理救助的满意度评价都为“一般”。说明公众在这两次自然灾害应急救助中,大量的投入没有得到应有的产出,投入产出比例失衡,投入没有发挥有效的作用,造成投入资源的浪费,因此,应急救助的效率一般。究其原因,在汶川地震中,公众参与自然灾害应急救助刚刚起步,通过相关报道可知,灾害发生的消息一经传播,全国有 300 多个社会组织火速组建突击队前往灾区,前后 1 000 多万个志愿者加入应急救助行列,大量人力投入造成了过度服务、重复救援等现象。一些志愿者对救灾没有深刻的认识,也不具备救灾的能力,反而为其他人造成了负担。公众凭借一腔热血投入到灾害应急救助中,而没有考虑到灾民的实际需求,提供的财力、物力与灾民的需求不匹配,造成资源浪费。另外,公众的救助专业能力不高,救援质量水平较低,对灾民的心理救助重视程度不够,没有使投入的人力发挥出最大的作用。在生命、生活、心理救助中都没有满足灾民的需求,导致救助的效率一般。玉树地震公众参与应急救助的效率"一般"的原因同理,虽然投入规模较大,但是没有发挥其应有的作用,整体投入水平不高,造成投入浪费,最终导致公众参与应急救助的效率不佳。

对于公众参与自然灾害应急救助的效率较差的2008年特大雪灾DMU2、南方洪涝DMU4、新疆雪灾DMU9,其效率值分别为0.572 5、0.527 0、0.548 9,效率值偏低。2008年特大雪灾DMU2的投入与其他评价单元相比投入较少,同时,其产出值与其他评价单元相比也少。说明在此次灾害救助中,公众没有过多关注并参与到灾害救助中,对此次灾害的重视程度不够,投入的人力、物力、财力不足并且投入也没有发挥其应有的价值,人力救援专业化水平低,对灾民心理救助关注程度不高,物资与灾民的实际需求不匹配且资金物资覆盖程度不高,灾民在生命、生活、心理上满意度较差。因此,造成救助的效率较差。南方洪涝DMU4、新疆雪灾DMU9虽然投入与其他评价单元相比相差不多,但是南方洪涝中灾民满意度评价为一般,且转移安置人员比例很低,新疆雪灾中灾民满意度评价较差,转移安置人员比例也不高。同样说明公众投入的人力、物力、财力在灾害救助中没有发挥很好的作用,灾民在生命救助、生活救助、心理救助上得不到满足,转移安置人员少,没有很好地减少灾害带来的损失,公众参与应急救助的效率较差。

此外,按照自然灾害种类划分可以看出,公众在地震、泥石流灾害救助中效率值较大,而在洪涝和雪灾救助中的效率值很低且排名靠后,说明公众在这两种自然灾害救助中的效率不佳。研究结果还表明不同的自然灾害类型对公众参与应急救助的效率有一定的影响,不同的自然灾害类型下公众参与救助的效率也不同。

7

自然灾害应急救助的参与他系统：公众参与的保障机制

参与他系统即参与环境,是公众参与面临的外在情况和条件。所有事物发展都离不开周围的环境,环境会对事物的存在与发展产生潜移默化的影响。因此在研究一个事物的时候,不仅要注意这个事物自身有哪些特征,更要分析其所处的环境。在社会科学中,泛指的环境为社会环境,它是全社会的经济环境、文化环境和政治环境的总称。要全面把握自然灾害应急救助公众参与的保障机制,就必须对社会环境进行分析。

7.1 自然灾害应急救助公众参与的政治环境

7.1.1 自然灾害应急救助公众参与和政治环境的关系

自然灾害应急救助公众参与和政治环境是相互影响的关系,国家在面临自然灾害时是否采用公众参与以及公众参与的程度都是由该国家的政治环境决定的;同时,自然灾害应急救助中的公众参与也能折射出一个国家在政治环境中的隐存问题,高效的公众参与可以推动一个国家的政治进步,调解政府和公众之间的关系。

1)政治环境对自然灾害应急救助公众参与的影响

在自然灾害应急救助中,由于政府兼具公共责任和雄厚实力,其一直是救灾过程中的领导者。然而这样的地位并不是与生俱来、理所应当的,而是由国家的政治环境决定的。政府所处的政治环境不同,对灾害的应急救助公众参与地位的认知也就不同。

一个国家的政治制度中,政府以及全国人民是最根本的政治力量。按照政府和人民之间不同的关系,政治制度可以分为两种类型,分别是专制政治以及民主政治,而公众在自然灾害的应急救助中的参与程度是由政治制度决定的[204]。如果一个国家的政治制度是专制政治,那么社会上的一切资源都由政府来控制。人们必须要无条件地服从政府的命令，按照政府制定的政策以及法律来规范自己的行为，也就是说社会上的一切都是属于政府的。所以在发生自然灾害之后，政府更愿意自己解决，而不是依靠社会的力量，且社会也没有充足的可以支配的资源参与到灾害的救助过程当中。在民主政治中，政府运行是基于公众的支持，公众对政府执政资格的考核标准就包含了其在自然灾害应急救助中的应对表现，这也提高了政府组织动员公众参与的积极性。同时，公众可以对政府的应急救助措施提出合理的建议与批评，让救助方案更加科学，集思广益让救助开展得更加顺利。

2）自然灾害应急救助公众参与对政治环境的影响

公众在自然灾害应急救助中的参与实效能够在一定程度上体现出这个国家社会发展程度。在自然灾害的应急救助当中，政府处于主导的地位，让公众参与进来，可以让人民看到政府的管理与应急能力，有利于增强公众的政治认同，维护政治制度的稳定。在我国，国家的利益就是广大人民群众的利益，因此在对自然灾害进行应急救助的时候，人民和政府有着相同的目标，齐心协力，会产生更好的效果。一旦出现了自然灾害，人民群众积极参加应急救助，维护国家利益的同时也会维护自身利益，而政府也可以通过制定一系列的政策鼓励人民群众参与到应急救助当中，在维护了人民群众利益的同时也维护了国家的利益。如果经过有效公众参与，避免或减轻了自然灾害带来的社会危害，则会有更多的社会公众支持该政治制度和政府，增强政治制度的权威性。因此，自然灾害应急救助下的公众参与对于加强政治认同，巩固政治制度的稳定性都具有重要意义。

2008 年，汶川大地震发生之后，政府的相关部门立刻发布了相关的公告，要求所有的救援队伍将保障人民生命安全作为最重要的任务，明确了先救人后做事的原则。温家宝总理亲自到灾区监督救援工作，他到达灾区之后，一再强调要尽最大的努力救出受困的人民，不惜一切代价保证他们的生命安全。在救援工作当中，哪怕只有一丝生还的机会，救援人员都不会放弃，拼尽全力救出每一个人。救灾的总指挥陆续发布了很多救灾的方案,最核心的内容就是要解决好受灾人民的生活问题,为他们提供充足的物资,让他们得到及时的治疗。在这次救助中,人们看到了中国政府对人民的爱护,在所有人的心中留下了深刻的印象,在政府的号召之下,更多的人愿意参与到自然灾害的应急救助当中来,受灾群众也更加相信政府,配合政府。

自然灾害应急救助公众参与可以推动政治文明的发展。自然灾害发生会对整个社会产生很大的影响,国家的政治制度也不例外。在自然灾害应急救助公众参与下,政府的执行能力、政治制度的科学性以及政府的管理方针都会在救助的过程中得到体现,隐藏的问题也会逐渐被发现。而政府官员会根据暴露出来的这些问题对执政理念等各方面进行改善,推动政治文明的进步。具体表现在:首先,人民群众疏于配合政府的工作,政府必须要找到这种情况发生的原因,然后找出在执政态度、行为等各个方面存在的问题,不断改进完善。接着,自然灾害应急救助下的公众参与会对政治的民主化与法制化起到非常大的作用。“法律会在一次又一次的灾难之中逐渐完善”[205],在灾难之中颁布的这些法律会比平常通过理论探讨出来的法规更加详细,更加合理。政府在制订一系列的方案时,都可以将这些法律作为参照,保障人民群众的利益,同时也能让国家更加民主,让社会更加公正法治。

7.1.2 自然灾害应急救助公众参与的政治环境

在自然灾害发生之后,公众参与应急救助的表现与政治环境有很大的关系,政治环境从一定程度上来说决定了公众参与的规模大小、发展情况等。在新中国成立之后,国家的发展经历了很多挫折,但自从改革开放后,国家在法律、道德、民主等各个方面的建设都取得了很大的进步,这样的政治环境有利于公众参与自然灾害应急救助。

总的来说,我国目前的政治环境为自然灾害应急救助公众参与开拓了空间。我国的国体和政体是政治环境的基础。中国的根本政治制度是人民代表大会制度，人民才是国家真正的主人。我国的根本法律是宪法，宪法中对国家的性质做了明确的规定，我国是人民民主专政的国家，工人阶级是国家真正的领导者，工农联盟是国家所有政策的基础。人民群众拥有国家所有的权力，在符合法律的情况下，人们可以参与到国家的任何一项事物当中[206]。自从我国开始实行改革开放的政策，社会经济有了很大的发展，人民的收入状况也在不断地改善，生活质量大大提高，这也直接促进了我国在民主和法治方面的进展，让我国在国际上的地位逐渐提高。中华民族的自豪感和使命感不断增强，这是党可以在自然灾害应救助公众参与中一呼百应的首要原因。

四川芦山在2013年发生了地震，灾后的第二天，国务院办公厅就颁布了《关于有序做好支援四川芦山地震灾区抗震救灾工作的通知》，对社会救援组织进行了合理的安排，同时让社会各界都贡献出一份力量，捐赠资金和灾区短缺的物资，招募志愿者，统一前往灾区，安排救援工作。中央还根据四川省的实际情况对四川政府的工作进行了有效的统筹，要求政府官员整合所有可利用的资源，制订合理的救灾方案，按照受灾的严重程度来安排救灾的队伍，形成高效的救灾体系。民政部救灾司安排专人到云南鲁甸、四川芦山等地进行考察，与省、市、县、乡（镇）各级民政部门工作人员及一部分非政府组织代表开展了7次座谈会，掌握各方关切和需求，参考相关意见和提议。2015年10月，民政部颁布了《关于支持引导社会力量参与救灾工作的指导意见》（以下简称《指导意见》），在这份文件当中，首次将社会作为应急救助的主体对救灾工作进行规划和安排。《指导意见》要求政府作为救灾的主导者统筹各界的力量，通过数据库信息系统、服务中心等协调救助工作，形成高效的救灾体系。

政府在救灾方面颁布了很多政策与文件（表7.1），通过对这些政策文件进行整理，可以看出，目前国家对公众参与自然灾害应急救助比较重视，但是这些政策文件还是存在着一定的问题，其中一个典型的问题就是，这些政策文件过于分散，而且只是在其中部分提及社会力量参与，规范过于笼统，大部分是原则性规定，没有制订详细的执行方案，所以可操作性不强。

表 7.1　公众参与应急管理的政策文件汇总

法律文件或政策文件名称	发布时间	发布单位	内容摘要
《应急管理科普宣教工作总体实施方案》	2005 年 10 月 21 日	国务院办公厅	动员社会各界积极参与。要组织鼓励社会团体、企事业组织以及志愿者等各方社会力量，发扬他们在科普、传讲、指导等方面的作用
《中华人民共和国突发事件应对法》	2007 年 8 月 30 日	第十届全国人民代表大会常务委员会	国家建立高效的社会动员体制，加强群众的公共安全和风险预防的意识，提高全社会的救援能力。公民、企业领导者和其余组织有义务参与到应急事件应对工作
《关于支持引导社会力量参与救灾工作的指导意见》	2015 年 10 月 8 日	民政部	积极有效协调本地财政等相关部门把各方社会力量参与救助纳入到政府购入服务范围，明确购入服务的项目、内容和准则，支持引领社会力量参与救助工作
《中共中央、国务院关于推进防灾减灾救灾体制机制改革的意见》	2016 年 12 月 19 日	中共中央、国务院	要建立健全社会力量参与体制，建立和完善社会力量参与到防灾减灾救灾中的有关政策法规、行业标准、个人行为准则，建立政府与社会力量共同救灾联动机制，动员社会力量全方面参与防灾、应急救援、转移安置、恢复重建等工作，建立多方参与的整体化防灾减灾救灾新格局
《国家综合防灾减灾规划(2016—2020 年)》	2016 年 12 月 29 日	国务院办公厅	强调各级政府在应急救助工作中的主导地位，充分发扬市场机制和社会力量的积极作用，增强政府与各方社会力量、市场机制的协调配合，构成工作合力
《国家突发事件应急体系建设“十三五”规划》	2017 年 1 月 12 日	国务院办公厅	提升人民群众自救互救的能力。加强引导社会应急力量进展
《社会力量参与一线救灾行动指南》	2017 年 12 月	民政部救灾司、76 家非政府组织	非政府组织救灾流程及行为准则

7.2　自然灾害应急救助公众参与的经济环境

7.2.1　经济环境对自然灾害公众参与的影响因素

1)公众的经济状况

应急救助公众参与,就是社会各界人士捐款捐物,协助政府尽量满足灾区人民的需要,所以公众经济状况影响公众参与行为。

公众的财富占有量是应急救助公众参与的基础。如果公众自身经济拮据,即使有参与救助的美好愿望,也没有办法实现高效的经济救助。一般来说,所有人都是根据自己的收入情况来进行捐赠,他们必须要先保证自己的生活开支,再从剩余的钱当中分出一些用于捐赠。因此,收入越高的人,可用于捐赠的财物也就越多。

因此,自身物质条件将直接制约公众参与的积极性。比如,从中国民间慈善捐赠信息中心对我国 2008 年汶川地震赈灾数据统计中可以看出,北上广深等经济比较发达的省市捐献总量位于国内前列;而一些经济不是很发达的地区例如西藏、青海、四川等捐赠的总额甚至没有达到国内的平均水平。这个统计数据中,捐赠总量排名前五位的都是国内经济最发达的省市,这些城市的捐赠额总量占比各省市捐献额总量的近一半[207]。在这些省市中,广东省所捐献的财物占其 GDP 的份额与重庆市和宁夏自治区大致相似,但广东省捐献总额却分别是重庆的 7 倍和宁夏 33 倍。经济发达地区公众由于拥有良好的经济状况,能够支出更多的收入进行捐赠。

2010 年 1 月 12 日,海地发生了 7 级地震,一共导致大约 10 万人死亡,很多人都失去了自己的家园,灾区物资缺乏,人们没有办法获得食物、水等必需的资源,生存都变成了一种奢望,他们唯一能做的就是等待政府的救助,等待医护人员的治疗[208]。其实海地灾后状况如此严重,主要是因为海地本身的经济状况比较落后,其75%的人民都处于生活困难的状态,这个地区的工业情况也十分糟糕,就算没有发生这场地震,很多人都需要依靠政府的救助才能够生存下去。在这样的情况下,经历这场大地震,海地人民根本无法开展应急救助公众参与。

2)国家的经济发展水平

发生自然灾害之后,国家想要进行应急救助,必须要有足够的经济实力,这也是公众参与的前提。国家经济水平的影响主要有以下几个方面:

一方面,国家经济水平直接决定了社会的可动用资源数量。国家经济发展水平与国民的经济状况是相互影响的,国家的经济发展水平对国民的经济状况起到了决定性的作用。让公众参与到救助中其实就是将社会上的资源进行整合然后根据灾区的情况将这些资源分配到各个受灾地区。国家的经济发展水平限制了公众的经济资源数量。从全球自然灾害尤其是一些严重的自然灾害爆发后的自然灾害应急救助过程看,我们很容易发现只要是经济发展水平较高的国家,自然灾害应急救助下的公众参与所得到的资源量通常要多于经济发展水平相对落后的国家。

另一方面,国家经济发展水平制约自然灾害应急救助公众参与的效率。自然灾害应急救助下公众参与潜力的激发受国家经济发展水平制约。平时公众能力的养成更是决定了应急救助工作的开展效果。想要在灾后获得社会的救助,政府必须要在平时就投入一定的成本对社会各界进行培训,比如说,投入资金对广大群众进行宣传、科普、培训,让他们明白社会参与的重要性。

3)应急救助公众参与的激励机制

应急救助下公众参与的激励机制包含物质、精神激励两个维度。在自然灾害应急救助中，应利用经济手段，通过减免税收、附带性商业宣传、直接的物质奖励等政策，引导非政府组织、企事业单位和群众个人积极参与应急救助活动。精神激励则是指对有贡献的组织或者个人进行表彰，给他们颁发一些比如"好市民"等荣誉称号。

使用捐赠物资钱款的监督机制是否健全，对公众参与也有重要影响。对于很多人来说，捐赠出来的资金都是他们省吃俭用出来的，他们会非常关心捐赠的这笔钱有没有送到灾民的手上，是否起到应有的作用。他们将钱物交到相关组织手中，其实就已经签订了一个非契约式的捐赠合同，组织者必须要按照他们的意愿对捐献的物资和资金进行合理的使用，否则就违反了与捐赠者之间的约定，必须要承担相应的责任。公众大多数会密切关注自己捐赠财物的使用情况，这对其未来的参与积极性产生巨大的影响。2008 年汶川地震之后，网络上出现了很多关于捐赠物资处理不当的新闻资讯，有一些人在社交网络上对此提出了疑问，希望相关的部门和组织可以公开物资的使用明细，一些人很明确地表明，如果发现自己捐赠的钱物被贪污、挪用，以后就不会再参加任何的捐赠活动。还有一些人为防止自己所捐赠财物没有送到受灾人手中，就亲自将物资送到受灾人手中，这样才能够安心，但是这样既直接增加了捐赠工作的成本，也给灾区救援行动增添了负担。

7.2.2　自然灾害应急救助公众参与的经济环境

我国在改革开放后，经济发展的速度有了大幅度的提高，这些都让公众有了更加坚实的经济基础。2020 年 1 月，2019 年中国经济数据正式发表，2019 年我国 GDP 为 99.086 5 万亿元，相比于 2018 年增长 6.1%；经过相应折算后，人均 GDP 为 10 276 美元。20 世纪 70 年代末期，我国 GDP 只有将近 3 600 亿元，在国际经济中位列第 10 位，经济状况非常不乐观；20 世纪 80 年代，中国开始改革开放，GDP 指数逐渐超越很多大国；20 世纪 90 年代中期，中国的 GDP 总量跻身世界前七；进入21世纪20年代后，中国经济总量持续超越法国、德国等世界公认强国；2010年，中国赶超日本，成为了世界上第二大经济体。从30多年的发展来看，中国在推动世界经济发展中占领了主流地位。

从我国的几类实业看，国家的经济基础是农业，具有活力和主导地位的则是工业，且经济水平发展的生机与耐力持续加强。如今，中国拥有200多种工业品类，其产量位于世界首位。制造业增加值自十年前就居世界第一。作为基础的农业经济，相较于20世纪70年代末，已经从30 477万吨的粮食总产量增到了2012年的61 223万吨。

近些年，中国的基础设施建设同样发展迅速，尤其是高铁和公路建设。中国建设了世界上最严密的高铁网络、最长的高速公路体系。国内的铁路营业里程在2018年已经实现了13.1万千米的突破，其中2.9万千米是高速铁路的营业里程，在全球的高铁里程总量中占了60%以上，形成了“四纵四横”的高铁网；2018年，国内的高速公路已经实现了14.3万千米的目标；定期航班的航线里程达838万千米，比1950年年末增长734倍。

党的十八大召开之后，许多重要政策措施颁布，推动了中国经济稳步发展。中共中央在2013年11月出台了《中共中央关于全面深化改革若干重大问题的决定》，此次文件对全面深化改革作出了战略部署，提出了全面深化改革的目标任务、总体思路、指导思想，制订了总体方案，发展和完善了中国特色社会主义制度，推进国家治理体系和治理能力目标的实现。

公众的收入因为国家经济水平的快速发展而不断增加，这也使得应急救助可以得到保障，进而使得自然灾害应急救助下的公众参与可以顺利实行。改革开放后，我国自然灾害状况可以说是年年受灾、处处有灾、灾害种类繁多、损失伤亡惨重。统计改革开放四十年来我国遭受自然灾害破坏情况和自然灾害经济损失情况分别见表7.2和表7.3。

表 7.2 1978—2017 年中国受灾情况一览表

时间(年)	农作物受灾面积(万公顷)	倒损房屋(万间)	受灾人数(亿人)	死亡人数(人)	直接经济损失(亿元)
1978—1981	17 763	624.0	受灾人口 5.7(缺 1978 年)	26 170	—
1982—1985	14 410	1 165.3	9.3	30 208	671.3(缺 1982 年、1984 年)
1986—1989	18 709	倒塌 841.8	12.4	24 163	851.3(缺 1986 年、1988 年)
1994—1997	20 078	2 495(缺 1994 年)	12.9	24 595	8 596
1998—2001	20 696.5	倒塌 1 235.2	15.3	14 029	8 956.9
2002—2005	17 742.9	倒塌 900.1	16.1	9 824	7 246
2006—2009	17 728.7	倒塌 1 521.6	17.9	95 967	19 167.2
2010—2013	12 620.9	2 744.3	15.4	12 784	18 430.2
2014—2017	9 136.2	1 133.8	7.6	5 470	14 219.5

表 7.3 2004—2015 年中国部分受灾地域分布一览表

破坏情况 发生区域	地质灾害		地震灾害		森林病虫鼠害
	发生频数(次)	直接损失(亿元)	发生频数(次)	直接损失(亿元)	受灾面积(万公顷)
东北	4 930	42.96	3	21.6	1 728.8
华北	869	3.8	8	12.5	2 264.2
西北	17 956	117.8	59	694.3	3 024.3
华中	150 072	75.4	7	22.1	1 814.8
华东	37 077	48.4	4	25.7	1 557.0
华南	21 118	27.8	2	0.5	989.4
西南	49 541	177.3	67	9 501.6	2 114.1

20世纪80年代改革开放后，在面对灾情时，救灾目标由以往的避免出现灾民大量外流以及严重疫情的发生，保障民众不会被冻死、饿死，变成现在的保障受灾群众住房、饮水、穿衣、吃饭、就医、上学、工作等。改革开放以来对于自然灾害应急救助经济投入的统计见表7.4。

表7.4　2000—2016年应急救助经济投入情况简表(部分)

救灾举措	2000—2004年	2005—2009年	2010—2014年	2015—2016年
中央救灾款	208.8亿(2001年含地方)	787.0亿元(2008年440.3亿元)	514.0亿元	173.8亿元
救助灾民数	2001年、2004年：1.5亿多人；2000年：4 840多万人	2005年、2007年、2009年：2.3亿多人。2008年南方雪灾后：655.5万多人。汶川地震后：900多万人	近4.0亿人	6 000余万人(仅2015年)
紧急救灾物资	仅救灾帐篷6.6万顶(不含2000年、2003年)	2005—2007年及2009年：拨发帐篷20.3万多顶。2008年南方雪灾后：调拨粮食、方便面、食用油等6.1万吨、取暖材料4 271吨、棉被衣988万床(件)。汶川地震后：调拨帐篷150多万顶、彩条布4 500多万平方米、衣被1 900多万件(床)、照明灯10万台、简易厕所1 000个、运尸袋7万个	拨发帐篷、棉被衣、睡袋、折叠床等300多万顶(床、件、张)	拨发帐篷、棉被衣、睡袋、折叠床等64.6多万顶(床、件、张)
重建与修复受灾民房数	2003年，苏、皖、鲁、豫、湘、鄂六省重建修复民房154.7万多间	2005—2008年：重建修复民房1153.3万多间。2009年，汶川地震损毁房屋之92.40%得以重建修复	2010—2012年：重建修复民房741.9万多间	—
国家级自然灾害应急响应次数	—	157次(不含2009年)	189次	42次

近年来政府救灾投入不断增加，救灾成绩卓著。例如，在重建汶川地震的各项工作中，重建资金在2012年2月已经投入了1.7万亿，29 692个国家重建项目已经有99%被完成，13 647个四川省重建项目也基本实现了目标。在重建工作中，政府解决了1 200多万居民的住房问题；实现了170多万受灾群众再就业；救助和帮扶了9 524户重度困难家庭、1 449名弱势群众、2.7万多名伤残人员；累计有2 292个医院、8 283所学校得到了重建与修复，有200多万亩土地得到了修整，新种植450万亩草木，基本实现了前期规划目标[50]。

对自然灾害受灾群众加大了生活补助。2000年初，我国救助政策为每天每个人有0.38元的粮食补助，因为地震而倒塌的房屋补助为200元/间，因为洪涝而倒塌的房补为65元/间。到了2002年，每天每个人有0.5元的粮食补助，且设置了300元/人的紧急转移补助，因为地震而倒塌的房屋补助为500元/间，因为洪涝而倒塌的房补为300元/间。补助标准在2006年、2007年再次被提升，每天每个人有0.7元的粮食补助，1 500元/间的倒毁房补，150元/人的紧急转移补助。汶川地震发生之后，在灾后三个月内，灾区群众每天每个人都可以有1斤的口粮和10元的补助；并在接下来的三个月内，每个月每个人能够有200元的补助，并向每个遇难群众家属发放了5 000元抚慰金[209]。

中央与各地方构成了相对平衡的关系，改变了完全依赖中央拨款的应急救助模式。1991年中央的总救灾款为25.75亿元，其中地方政府救灾款为4.85亿元，占比为18.8%；这一比例于1995年地方占比上升至30.90%；到了1999年，地方占比又增加到38.20%，随后趋于稳定，一般地方占比在30%左右。1997—2004年中，中央与地方应急救助的资金比约为66∶34，再加上各个地方救助、灾后重建过程中人、财、物的投入，这一比重大致变为55∶45。

人民军队更是应急救助前线的中流砥柱。1993—2003年中，人民军队一共行动1 300万人次、投身救灾避险6万余次、营救受灾民众1 000多万人。在重大灾难中统计数据更具公信力，例如，1998年特大洪水，在对松花江和长江流域进行救援时，武警与解放军部队一共派出36.24万人次、56.67万台次的运输车、

2.23 万艘次的船只、2 241 架次飞机、运输 8 000 多万吨的物资,并将 4 200 万人次的受灾群众进行了营救、转移。在 2008 年发生汶川地震的第一时间,武警与解放军部队就派出了 24.3 万人次,共营救并转移受灾人民 1 480 601 人[210]。

7.3 自然灾害应急救助公众参与的文化环境

7.3.1 自然灾害应急救助公众参与的文化形态

1)精神形态的自然灾害应急救助公众参与文化

精神形态的自然灾害应急救助公众参与文化分为知识性文化和思想性文化。知识性文化是指在应对自然灾害时,公众对于自然灾害的知识掌握程度,包括对自然灾害的判断识别、心理调试、自救与他救的方式等;思想性文化是指整个民族在面临自然灾害时的价值判断、态度与民族心理。

(1)知识性文化

灾害识判知识。虽然自然灾害很难预判,但是仍然可以发现些许前兆特征。自然灾害具有突然性的特点,不能第一时间发布通知或者不能精准预测,那么这时最重要的就是要有可以识别判断相关自然灾害的知识和能力。因此,普通公众需要学习一些经常发生的自然灾害常识,提高自身对这些灾害的判别能力,这是在紧急情况下人民群众应对自然灾害时自救的最基本的方式。张庆洲在《唐山警世录》中指出:曾经有人在唐山青龙县借助科学论证和观察指明该地出现地震的可能性,进而使该地 47 万人在唐山大地震中免于遭受生命威胁[212]。

心理准备与干预知识。心理干预知识包含了学习掌握突发事件前的常规性应急知识、突发事件后的心理干预;包含了学习常规性的应急救助心理知识、专业的心理治疗和辅导。严重的后果和突发性是自然灾害的主要特征,这促使人们在面对自然灾害时,心理防线难以保持平衡,会逐渐出现紧张、恐惧、慌乱、混乱的情绪,从而导致心理危机。比如在2009年12月5日,俄罗斯发生了一起火灾,造成了至少142人死亡,100多人重伤,而大多数人的遇难和重伤都是由火灾后匆忙出逃时形成的踩踏事故造成的。人们对危险的紧张与恐慌使得伤亡人数出现了无谓的增加。所以,人民群众自主学习以及政府对公众科普心理知识,这是十分紧迫且必要的。

应急处理知识。一些群众因为具备一定的应急处理知识,能够在面对自然灾害时,运用应急处理知识对其他群众进行救助,避免出现附加性损害。1995年,日本发生了神户大地震,一个9岁男孩依据在学校所学的地震求生办法,自己在家里凭借可乐坚持了13天。因此,当自然灾害发生时,熟练运用应急处理知识是十分重要的。

(2)思想性文化

自然灾害的发生是随机且突然的。在长期的进化过程中,每一个民族与国家都可能遭受自然灾害的影响。因此,民众对于自然灾害的应对能力很大程度上会受到民族与国家思想文化的影响,危机思想与危机意识的存在对于一个民族和国家而言是十分重要的。

战胜危机的自强文化。当危机发生时,人民的肉体与精神都会受到严重危害,然而,如若合理处理危机,就可以降低危机所造成的损害。在自然灾害发生时,只有拥有了战胜危机的意识和信心,民族才能够从危机中及时得到恢复。在2008年发生汶川大地震时,温家宝总理第一时间到受灾现场,安慰鼓励受灾群众,要坚定信心,满怀希望,以不屈的民族精神战胜困难,重建家园。这对于受灾群众来说是一种极大的鼓舞,也彰显了中华民族奋斗不屈的民族精神以及克服困难的信心。

攻克时艰的团结文化。当自然灾害发生时,当地人的财产、人身安全会受到极大的威胁,但是,对于一些十分严重甚至致命的灾害,仅仅凭借当地人民的力量可能难以克服困难,此时就需要整个民族紧密团结起来,将力量聚集起来,使受灾地区人民接收到无私而强有力的外部帮助,帮助其克服一切困难,这既是民族危机思想文化的体现,也是团结力量的体现。当自然灾害发生时,不管是在哪里的民众,都应该众志成城,团结一致,集中力量使损害降低,尽快重建受灾地区的生活秩序和经济秩序。

2)物质形态的自然灾害应急救助公众参与文化

物质形态文化是指承载有自然灾害思想的形式或物质,使得公众能够对自然灾害的文化形态产生直观的感受,通过物质形式影响公众的思想精神。科普馆、展览馆、纪念馆、自然灾害遗址等都是物质形态文化;影像资料、文字和自然灾害知识相关的记录等也是物质形态文化。公众借助物质形式认识到灾害的严重性和危害性,帮助公众汲取经验教训,建立危机意识,加强公众参与的积极性,增强公众危机感、使命感,对开展自然灾害应急救助工作具有重要意义。

7.3.2 自然灾害应急救助公众参与的文化环境

1)大量的灾害遗址和纪念馆

唐山市在唐山大地震之后修建了唐山地震纪念公园,且分成了树林区、碎石广场、水区、遗址区等。"纪念之路"是公园的主轴线,这是一座纪念墙,大约300米的长度,上面镌刻了24万罹难者的姓名和相关的祭文,这将地震遗址公园的纪念意义彰显了出来。四川省建立了"5·12"汶川地震遗迹与遗址纪念体系,包括都江堰虹口地震遗迹纪念地、汉旺工业遗址纪念地、汶川地震震中纪念地、北川县地震遗址博物馆、抗震救灾主题展览馆等,将抗震救灾的民族精神进行了充分的展现。在汶川地震发生一周年之后,国内开放了第一个数字化、科技感的"5·12"抗震救灾纪念中心。表现形式运用了文字、图片、视频等,并加入了绵竹县周围的地震历史记录,纪念中心的主线为"震后与救援""震中""震前",占地面积为500平方米,将人民面临灾害时克服困难的信心与众志成城展现了出来。

2）建立应急场所

我国大部分城市在 20 世纪 90 年代末就开始关注危机管理工作，2003 年非典的发生加快了城市危机管理工作的发展，设立了很多应急设施。北京市政府于 2003 年 10 月，在海淀区公园内修建了公共安全馆，在元大都遗址公园修建了应急避难所，此外，在公园周围的主干道上还设立了道路指示牌，指导游客在出现灾害的情况下，能够及时、快速、安全地到达应急避难场所。以 1.5 平方米的人均疏散面积为基础，在元大都遗址公园建立的应急避难所最多能够帮助 25.3 万人避难。北京市在近几年已经建立了 1 000 个以上的应急避难所，并形成了较为完善的应急避难场所体系。此外，广州、西安、重庆、上海等我国其他大城市也在多个地方修建了应急避难所。

3）应急演习、教育培训，设立纪念日

2003 年到 2004 年 7 月，我国一共举办过近 800 次各种防灾演习，期间大约 50 万人参加。为了纪念汶川地震的遇难者，把 2008 年 5 月 19—21 日设为全国哀悼日，每年的这三天，全国和各驻外机构均要下半旗致哀，停止一切公共娱乐活动。2008 年 5 月 19 日 14 时 28 分起，举国上下默哀 3 分钟，船只、火车、汽车鸣笛，拉起防空警报，这是中国首次为平民设立的哀悼日。与此同时，2009 年 2 月，国务院发布，每年的 5 月 12 日定为国家防灾减灾日。

8 公众参与自然灾害应急救助的对策建议

根据研究成果,基于新公共管理理论、新公共服务理论,借鉴美国、日本、英国等国家的公众参与自然灾害应急救助的经验[213-221],从政府保障、法制完善、制度支持、文化引领、多方协作、能力提升等多角度提出我国公众参与自然灾害应急救助的对策建议。

8.1 转变政府职能，为公众参与提供保障

8.1.1 树立有限政府理念，鼓励并引导公众参与

管制观念长期存在于国内的官僚体系中,他们只将民众看成可以被管制的,却没有看作可以被信任的。当危机发生时,这种观念会在封锁消息、隐瞒真实情况中显现出来。要实现社会力量参与自然灾害应急救助,政府必须给公众足够的信任,积极引导公众参与到救灾当中,对公众的需求和建议也要积极听取,这不仅是进行应急管理工作时所必需的,也是引导公众参与自然灾害应急救助的前提。

在行动、职责、权利等方面,需要接受社会与法律严格约束的政府即为有限政府[222]。法治是构建、维护有限政府的必要条件,和有效政府相比,受到法律高效约束的有限政府并不处于对立的地位中,有限政府以有效政府为基石,有效政府只可以是一个有限政府。从本质上说,确定一个有限政府需要具备三种要素:一是合理化;二是人民群众有权监督和约束政府;三是公众参与。因此,在自然灾害救助中,当局应培养有限政府的理念,动员公众参与防灾减灾救灾工作,并自觉自愿接受公众的监督,保证公众参与的有效性。

8.1.2 加大教育力度，塑造应急文化

要减少灾难所造成的人员伤亡,不能只在灾难发生后动用大批的人力、物

力、财力实施救助行动,更重要的是在灾前向公众普及灾难自救互救知识。

1)基础教育:培养并提高学生的自救互救能力

《中华人民共和国突发事件应对法》中的第二十九、第三十条表明:事业单位、企业、村委会、居委会等要经常进行应急知识宣传活动的开展;新闻媒体需要将他救、自救的知识,应急救助知识和预防突发事件的知识向大众积极传播;学校需要基于学生接受能力和年龄段的不同,进行不同的危机教育的教学。在进行危机知识的学习时,学校是最有效的,中小学时期是最关键的。对中小学学生进行危机教育,是建立全社会危机意识的基础。为此,在进行基础教育时,政府、社会与学校需要提升公共危机教育在其中所占的比例。

2)宣传教育:树立整个社会的危机意识

只有全社会都具备一定的危机意识,才能降低危机爆发的可能性,减少危机造成的损失。在全社会进行危机意识的宣扬是十分必要的,政府应该利用社区、街道等开展的各种宣传活动来加大自然灾害应对知识的宣传力度,同时扩大知识的接收范围。当前,由于网络信息技术和科学技术的发展而出现了大量不同的媒介,政府可以通过广播、微博、短信、政府网站、电视、微信、公众号、短视频等传统媒体与社交媒体相结合的方式,广泛科普应对危机的相关知识,提高公众对危机的认识程度。同时,开设灾害自救互救课程、讲座、培训以及专业学校,将灾害自救互救知识纳入教育知识系统,鼓励公众接受参与灾害救助知识教育培训。

8.1.3 完善信息公开与沟通机制

现代公众参与理论认为,公众参与的前提和本质是公正而又合理的信息公开。信息公开在发生自然灾害时具有更加显著的意义。在自然灾害发生时,公众能够积极参与应急救助,这就需要公众与政府之间建立绝对的信任,实现与政府良好的沟通与交流。而政府和公众在建立信赖关系时,信息公开是其中十分关键的一部分。此外,在自然灾害的应急救助中,实施信息公开不仅能够保障社会有序运行,也能够让政府在进行决策时,掌握全面、正确的信息,并能够进行正面舆论的引导,使得应急管理措施能够得到尽快的落实。

在自然灾害发生之时,信息对称有助于政府与公众联合救助。政府首先需要对各类信息进行筛选,然后通过新闻发言人制度,将信息进行公开发布,使公众的知情权得到满足;政府在进行决策时,需要借助多种途径对公众意见进行大范围的收集,此外,还需在特殊时期监管媒体对社会大众的引导作用,强调有效、正面、积极地引导。媒体利用自身的传播能力及时将新闻资源实时公布给公众,一方面可以安稳公众的情绪,维护公众知情权,另一方面则尽最大努力为政府实施救助提供了最佳环境。因此恰当的沟通可以将公众的反应、想法反馈给政府,政府就可以采取相应的措施,第一时间调整政策方向,同时可以了解政府在应对自然灾害中哪些工作仍存在不足,并为之后工作的顺利实施提供服务。从操作层面上看,政府必须建立一个统一的信息共享、指挥平台,例如,2016 年贵州省建立的省级应急平台,该平台利用统一的数据采集标准,合并水利、安监、公路、公安、民政、城乡、交通、消防等多个部门专业的数据资源,进而对整个贵州省内的自然灾害等突发紧急事件进行时时监测预警,同时对应急处理与协调进行可视化的指挥。

8.1.4　增加对公众参与的激励措施

增加对公众的激励措施是有效促进公众参与的重要条件之一。

1)建立岗位责任制

非政府组织要避免内部管理人员的僵化,参考企业的管理模式,实施岗位责任制,按照国家相关法律法规,同组织内全体工作人员基于平等、协商的原则来签订聘用合同,严格规定双方的权责。这样,就能提高非政府组织工作人员的灵活性,优化人力资源的配置。

2)适当提高工作人员的福利待遇

多数非政府组织具有志愿性质,其内部工作人员的薪资水平、福利待遇较低。但是,要想确保非政府组织的人才质量,维持工作人员的积极性,就应适当提高其福利待遇,特别是增加非物质性的奖励,比如为志愿人员提供优质合适的职业生涯规划等。

3)资金奖励

对于民间的非政府组织来说,一切资金都需要自己通过营销与募款筹集获得,因此,资金奖励会激励非政府组织参与自然灾害应急救助。非政府组织可以将特定的服务或者公共产品进行外包,也可以通过与其他非政府组织的联合,开展有关课题的研究从而获得相应经费。捐赠一定数量可以免税的制度是国际惯例,各国都有此相关制度设计,目的是激励捐赠行为。我国陆续出台了捐赠免税的法律法规,对用于公益慈善、救济性的捐赠,在计算企业所得税时可以按照规定的比例扣除。

4)精神奖励

精神奖励是一种荣誉,政府可以设立应急救助标兵,或者应急救助大使等类似称号授予公众,对做出突出贡献的非政府组织和企事业单位颁发荣誉奖励,来激励他们参与自然灾害应急救助。

8.2 健全法律制度体系,为公众参与提供制度支持

8.2.1 加强公众参与的法制化建设

为保障公众在自然灾害救助中参与的有效性,需要发布有关应急管理工作的法规制度,实现公众参与的法制化。基于公众参与出现的状况,及时建立有关的法规制度;借鉴国外的相关经验,完善国内的有关法律法规,使其更具有预

见性和科学性;将创新性的实践及时添加到有关的法规制度中。基于国家出台的《中华人民共和国突发事件应对法》框架,有关部门进一步规范细化了公众在自然灾害应急救助参与过程中的方式、义务与权利,从法律规范的角度看待公众的参与活动,采用高效的程序与规范对公众参与的途径进行维护和保障。为保障公众参与的有效性、有序性,提升公众的社会使命感与责任感,在制定应急管理的法律规范时,需要对各级政府的职责与权利进行进一步的细化和明确,使各级政府在进行应急管理资源的调动时,避免完全依靠行政手段,而应该采取依法进行资源调配和信息公开等方式。为了防止在进行应急管理工作时,政府滥用权力,损害大众权益,政府权力需要受到法律的制约,这能够使政府的决策更加科学。为了在进行自然灾害应急管理的工作时,公众和政府之间能够实现统一与协调,需要借助法律帮助公众与政府形成合理的义、权、责关系。

实现对《中华人民共和国突发事件应对法》的二次立法是保障公众参与的关键。国内的应急管理相关法律法规大部分只关注法规框架、形式及原则,实质性内容都需要完善,尤其是公众参与的部分;此外,由于我国存在广阔的地域和不同的自然灾害,使得在进行法规制定时,需要因地制宜。实现地方立法的科学性和合理性能够使政府和地方的关系达到协调统一,也能够完善公众参与体系。

公众参与在地方的二次立法需要着重从四个方面开展:一是在进行自然灾害应急救助时,公众的参与是权利与义务的结合,而不仅仅是义务;二是需要使部分参与主体对各自的职责进行明确,并对其进行一定的法律授权;三是对于包括座谈会、听证会等在内的自然灾害参与制度和信息公开制度,需要有明确的程序规范;四是支持公众参与的权益,确保公众参与的合法利益,从物质和精神上提高公众参与的热情。

8.2.2 构建公众制度化参与机制

非政府组织具有一定的组织优势,政府需要通过非政府组织和公众建立联系,进而激发公众参与的积极性。需要出台相关政策,使政府能够支持非政府组织的发展,借助非政府组织,对大众的想法等信息进行搜集整理,使政府能够对公众想法有充分和全面的了解。对于社会弱势群体,政府也要帮助其树立公共事务的参与意识,学习对自我合法权益的维护。此外,政府需要意识到非政府组织在政府和公众之间的连接作用,政府需要和非政府组织进行积极的合作,通过非政府组织对公众关注的问题进行了解和掌握,将应对自然灾害的各类信息向公众进行及时有效的传递,进而消除公众对于政府的不信任。

对于动机不同、区域分布不同的志愿者,怎样集中组织志愿者进行自然灾害应急救助是管理志愿者的关键。“5·12 民间服务中心”在汶川地震之后仍然在社会中发挥着作用,而其他一些临时组建的组织大部分已经解散了。2006年,基于生产自救、社会互助、分级管理、政府主导等原则,我国出台了相关的自然灾害应急救助预案,指出需要积极发挥基层群众的力量与作用,建立起公益性社会团体与民间自治组织;此外,还应该不断发展志愿者队伍与非政府组织等。从实践中可以看出,与非政府组织、志愿者队伍建设等有关的体制依旧不够完善,对于国内的应急管理体制需要协调“集权”和“分权”的关系,设计并健全应急管理机制。基于国家救灾工作的要求与方针,政府在进行自然灾害应急管理时,需要增强和公众的合作,构成有序统一的组织框架,如图 8.1 所示。

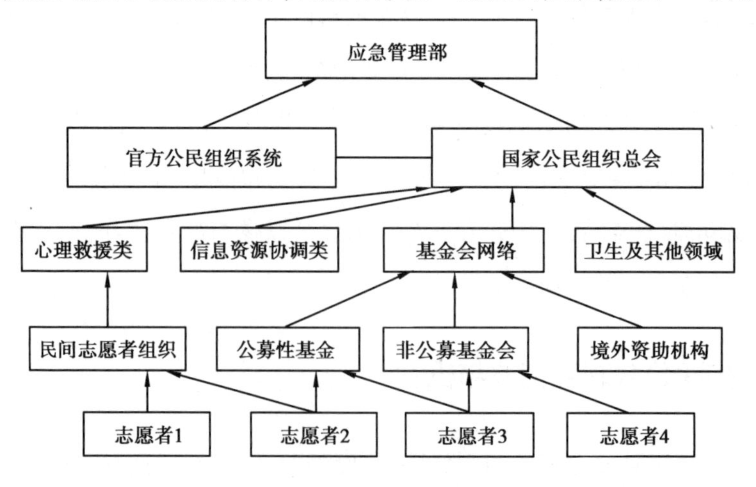

图 8.1　公众参与应急管理的组织框架

我国政府应该利用政策、财政的投入等方式来引导、监督和保证非政府组织各个方面工作的开展。第一，政府应颁布相关政策，培育、大力发展非政府组织，创造一个良好的环境使其成长壮大，如在税收、财政投入、人才培养等方面，都应给予切实的优惠。第二，政府应对非政府组织进行财政资助，重点帮扶贫困地区，扶持困难阶层，并改良非政府组织的物资筹集环境，保障物资筹集政策的落实。第三，加大对非政府组织的财务范围监管力度，消除非政府组织接受社会捐资不透明、缺乏公信力的现象，除了加大内部管理力度外，还应该实行信息公开、透明，接受全社会监督。

8.2.3 建立健全自然灾害保险制度

1）增强公民保险意识

在中国的救灾进程中，保险业的理赔通常都是针对企业的，少部分有针对个人的灾害保险种类，特别是广大农村地区，保险业几乎是空白的。然而我国大多数自然灾害都会使得农业承受巨大的损害，所以我国一旦发生灾害，不但公众自身没有抵抗的能力，政府也要投入巨额的款项。当前，世界上大多数国家都是在自然灾害应急救助中充分发挥政府、市场、社会三者的综合作用，政府救灾、保险赔偿和社会救助三个方面相互协调、相互促进、相互补充，这基本成为目前世界各国灾害救助的共识。然而巨灾保险同普通的商业保险是不一样的，所以我国应鼓励社会公众提高风险意识，通过社会化的安全措施进行自我保护。提倡保险业推行更多的险种，利用市场化、商业化等多种方式来避免更多的风险。

2）建立巨灾保险制度

巨灾保险指的是在爆发地震、海啸、火灾、洪水等自然灾害后，可能导致巨大财产损失及人员严重伤亡的风险，因此利用相关的巨灾保险制度来分散风险。目前，国内并没有建立一个专门的巨灾保险体系。在自然灾害频繁发生的情况下,国务院相关部门与保险公司等机构,应联合起来尽快建立并出台巨灾保险制度,迅速提高保险业在我国自然灾害救助体系中的地位。

3)建立多样化的自然灾害保障方式

自我保障积累指的是组织、企业及个人等利用预先放置的应急物资以备不时之需。它对处理时常发生但损失较小的意外事件和灾害非常有效,但这纯粹是自助行为,会受到物资储备速度和规模的限制,没有办法完全满足意外事件中能获得灾害赔偿的要求,只是一种补充保障形式。

灾害保障方式具有多样性,政府应针对灾害规模大小和公众自救能力不同,配置不同的救灾力量。在应对突发性自然灾害时,构建以政府救助、灾害保险为主要依靠力量,以公众救助和自我积累保障为辅助力量的自然灾害保障新体系。

8.3 加强多方协作,提升公众参与的有序性

8.3.1 加强政府与公众的协作关系

为了防止各主体之间和主体内部有利、责、权的交叉,进而导致公众在应急救助工作中出现低效的情况,政府应利用协调统筹的管理方式划分利、责、权。在设计、完善协调机制时,需要进行合理的利、责、权划分,科学管理各参与主体的关系。此外,需要科学全面构建公众个体、非政府组织、企事业单位、政府之间的对话协商机制,建立对话协商机制是为了让拥有不同功能、性质、资源的参与主体能够在面对自然灾害时,做到统筹协调各方利益。以政府为导向,以分工协作为原则,通过多方对话协商机制有效划分不同参与主体的利益、权力与职责,进而整合各类资源,及时制订灵活、有效的工作预案,将工作要求通过层级结构等方式进行传递,进而提高公众的参与度。

现如今,可以将政府和非政府组织的合作分成田野合作与平行合作。田野合作比较看重政府的主导性,平行合作比较看重政府和非政府组织的平衡性。平行合作在国外已经被广泛应用,并取得了良好的成效,但是在国内,由于公众力量不够集中,非政府组织也受到很多官方影响,使得政府难以与非政府组织实现协调统一,进而使得公众和政府出现了不对等的关系。故国内的非政府组织和政府需要互相支持、相辅相成、取长补短,形成密切的合作关系。在2008年的汶川地震中,民间组织所遇到的大部分困难就是难以和政府进行及时的沟通与合作,进而导致工作效率较低。但也有如"四川省圣爱特殊儿童援助基金会",该组织通过红十字会和政府建立了间接合作关系,从而提高了工作效率。

在实施危机教育的过程中,政府对于社会地位、职业、文化水平等不同的阶层并没有采取不同的教育方法,而是采用统一的教育方式,这使得危机教育的开展效果并不令人满意。但非政府组织能够基于不同公众群体的特征,把公众基于生活地区、性别、文化程度、职业等进行不同群体的区分。通过这种方式,非政府组织能够基于群体的不同,进行不同的危机教育,进而实现效果的最优化。另外,相较于政府,非政府组织能够更加全面了解和掌握公众的心理情况,进而能够采用合理的方式帮助受灾群众将负面情绪进行合理发泄,帮助受灾群众进行正面、积极、健康的心理建设,进而能够快速的化解矛盾,避免出现更加严重的问题。

8.3.2 强调政府、公众及媒体的良性互动

以人为本是建立责任型政府的基本原则,政府需要帮助公众建立减灾、防灾意识,组织演练自然灾害的应急预案;当自然灾害发生时,政府需要将灾害相关信息进行及时、透明的公开,警示公众,并倡导其进行有序参与,避免自然灾害再度出现情况恶化。政府需要将灾害相关信息进行全面、客观、真实的公开,避免出现谎报、瞒报、误报等与灾害实际不相符的状况。对于相关的负面信息,公众需要有承受能力,政府也应该在保障公众知情权的基础上,相信公众在面

对自然灾害时可以保证自身行为的有序性与合理性。媒体在传播信息中发挥着非常重要的作用,政府需要在媒体纠错机制、传播途径、发布主体等方面进行积极有效的监督和引导。

在进行自然灾害的应急救助工作时,媒体与政府需要保持对立统一的关系,政府应当积极引导媒体在传播信息中发挥正面作用,通常需要借助下面的方案达成目标:第一,媒体在信息传播中的准确性与真实性需要得到监督,当存在和事实不符的信息时,政府需要督促媒体对不实信息进行删除,对一些信息进行改正和补充;第二,政府需要对媒体将要传播的信息进行筛选,避免因为一些信息造成社会的恐慌和不安;第三,政府需要采取多样化的内容对公众参与自然灾害救助进行广泛的教育、宣传;第四,媒体组织作为政府和公众之间的纽带,需要将公众的建议与想法进行积极的搜集,并反映给政府,而政府也应该从公众的信息中进行意见的整理分析,加强和公众的沟通交流,考虑其中合理的建议,对自然灾害的处理方案进行调整,媒体也需要把政府的决策和实施方案及时传达给公众,公众对政府和媒体信息的透明性、公开性与真实性进行监督。

在自然灾害应急救助过程中,及时准确地传达与发布灾情信息是提高救助效率的关键环节。非政府组织、企事业单位和公众个体积极配合加速对灾情信息的发布。非政府组织在深入灾区展开救援后,应该利用其贴近民众的优势,与受灾群众沟通,了解其真实需求,并及时向外界传达信息,动员社会成员进行救助,防止社会成员盲目地捐助资金与物资,造成资源浪费。中国红十字会等具有影响力的非政府组织,应在其网站上设置灾情信息专栏,及时发布救灾信息,包括物资的发放地点、发放形式、资金物资的捐助渠道等。具有社会影响力的公众,应该充分利用其优势,积极主动地发布灾情信息,动员社会成员关注灾情救助进展,并呼吁大众为灾区提供帮助。企事业单位要明确应该采取救助的方式,避免盲目参与救助。例如,中国移动、中国电信、中国联通可以通过向社会成员免费发送灾情新闻短信,让社会成员更快捷地了解灾情信息。

8.4 提高公众参与能力，提升公众参与的有效性

8.4.1 提升公众的应急救助能力素质

1)加强对公众的危机教育

只有公众具备了危机意识与应对危机的技能,才可以高效地投身到自然灾害应急救助中。

非政府组织要多样化、多途径地筹集资金,这样才能引进更多高水平、高素质、专业化人才,并且能满足专业人员基本的物质需求与心理需求,使专业人员长期稳定地提供专业化服务。对于组织内已有的人员,需要加强其应对自然灾害的专业能力,促使每个人都能对自然灾害相关理论和实际操作有充分的了解与掌握,例如增加简易包扎、心肺复苏等基本的医疗救助知识课程,对成员的专业技能与知识进行持续的补充。还可以成立专业化的应急救助团队,包括医疗救助团队、设施恢复团队等,分门别类地对救助团队开展专门的培训工作,从而提高整个组织的应急救助能力。非政府组织要制订自然灾害应急管理预案,以责任落实到每个人为基础实现应对处理的专业化与科学化,进行应对评估体系的构建和完善,对于应对自然灾害的成果与效率进行真实、有效的评估,找出其中存在的问题,不断改进和优化。

企事业单位提升其自身的专业技能,参与到自然灾害救助中。例如,通信公司应该加强对通信设施的维修技能,保证在灾害发生后能够及时恢复通信;互联网公司应该充分利用网络的优势,高效地整合信息,打造完善的救援网络平台;物流公司应该加强其物流水平,保证救灾物资能够及时送到灾区。为此,企业应按照自身所处的行业有针对性地制订适合的应对灾害的培训制度。例如,可以通过邀请相关专家开展自然灾害应急救助技能和理论的培训与讲解,

并借助自然灾害应急演练来帮助理论转化为行动,以便可以第一时间找出存在的问题与弊端,从而不断改进完善达到提升应急救助能力的目的。

公众个体要培养起安全意识与危机意识,并以客观、理性的态度面对自然灾害的发生,即使自然灾害发生,也可以保持镇静而不会惊慌失措。普通公众个人在日常生活中也应该积极主动地参加一些救助技能的培训课程,掌握基本的救助知识,提高自身的专业化水平,不盲目参与救助工作。专业人员应该积极参与到灾害的救助工作中,可以开通咨询专线,随时为灾害救助提供专业化的指导,在救灾现场,除了亲自进行灾害的救助外,也要对参与救助的公众进行引导。

2)加强公众日常救灾应急演练

在进行自然灾害预防时,需要进行实践演练,演练的内容应该包括公众的自救互救、救灾物资的运输与分配、应急指挥、灾害信息流通共享等各个方面,以此来提高其专业化水平,当自然灾害发生时,才可能减少自然灾害带来的混乱紧张。

应急演练是一种综合性的训练,应急演练需要将自然灾害环境进行较为真实的展现,进而使得公众能够对灾害爆发时的情况有切身感受,提升公众应对灾害的能力和面对灾害的良好心态,这同样能够对应对计划的可操作性进行检验。演练海啸、火灾、台风、洪水、地震等自然灾害能够提高公众的应对能力和心理素质,进而提高社会整体应急能力,最大限度上减少损失。例如,浙江省温州市瓯海区执行两创新两举措持续完善防灾减灾工作机制体制,包括创新防灾减灾内容建设、创新防灾减灾服务微平台、落实基层群众防灾减灾宣传演练、落实防灾减灾预案修订,全面提高防灾减灾能力。2012 年,四川全省共组织开展了 2 万多场以学校、企业、社区、乡村等基层单位群众为主体的防灾避险逃生演练,以及 202 场综合演练,共有 1 200 多万群众,44 万各级各类应急队伍参加。[223]

8.4.2 完善应急救助的基础设施建设

应急救助基础设施建设包括:①自然灾害风险管理体系建设;②城乡社区基础设施抗灾能力建设;③自然灾害监测预警系统建设。加强这些基础设施建设,能够使公众对于自然灾害应急救助的工作效率和重视程度得到提升。

对于自然灾害风险体系建设的完善。评估各类自然灾害的风险等级,进行自然灾害风险数据库的建立,对风险进行全程的动态管理,包括处置、辨别、预警等,实施标准化风险措施管控村镇、企事业单位与社区,增强应急演练、应急预案、应急制度等建设,对自然灾害实现风险网格化管理。建立多层次、全方位的自然灾害风险评估体系与灾害防范体系。

对城乡社区抗灾能力建设进行完善。提升交通、供电、供水、通信等基础设施的抗灾能力,加固、改造高危建筑,使安全隐患被排除。基于不同城乡社区的区位布局与人口分布特征,设立自然灾害应急避难场所。提高港口、铁路、公路等设施的抗灾能力,以应对暴雪、台风、雷电等极端天气;对泥石流、地震、洪水等风险高发地区的道路实施风险评估,并加强其抵御自然灾害的能力。

对自然灾害监测预警系统进行完善。着重监测暴雨、台风、地震等灾害高发地区,使水文、气象、地质的监测能力得到提升,对于可能出现的次生灾害,也要加强监测预警能力。对于船舶、卫星等监测方式进行加强,进行海域实时监控平台的建立,使海域管辖的灾害预警能力得到提升。

8.4.3 重视受灾群众的心理救助

研究表明,重大灾害精神障碍发生率会比平常状态下高10%~20%,因此,对受灾群众的心理救助尤为重要[224]。我国政府应当转变救助理念,自然灾害发生后除了把工作重点放在人员生命安全、资金物资保障层面,也要对灾民的心理健康给予必要的重视。

首先,加强参与救助人员的心理救助培训。在自然灾害出现后,消防官兵、武警、医疗人员、人民解放军等会率先奔赴现场,并对受灾群众及时进行心理救援与精神抚慰。在平时工作中,医院需要将应急救助和心理救援相关培训课程增加到医护人员的日常培训里;非政府组织如红十字会等组织应该对组织中的志愿者展开心理救助知识的培训,以提高心理救助专业技能,在招募志愿者时,注重招募一些心理咨询师、心理服务者加入到组织中,使志愿者队伍更加专业化;企事业单位可以将自我意识教育、情绪训练、团队合作训练增加到日常训练中来,结合自身优势,定期组织灾民慰问活动,对灾民进行心理救助,稳定受灾群众的情绪,减轻灾民的心理压力。政府有必要开展多种形式的心理救助经验交流或者培训课程,邀请国内外专家定期对各省市参与应急救助人员进行培训,积极鼓励和引导公众共同探讨适合我国特点的心理救助方法和模式。教育部门应该增设心理课程,建立心理康复的师资队伍。

然后,构建完善的心理救助体系及心理救助运行机制。政府与企事业单位、非政府组织、专业人士等进行合作,建立心理救助干预小组,协调各部门工作,保障充足的心理救助物资与设备。专业人员要利用自己的专业知识,深入灾区,建立心理救助工作站,让灾民可以随时向其寻求心理帮助,小组成员也应该时刻关注灾民的心理状态,及时开展一些心理疏导活动、讲座,使灾民迅速走出灾害的阴霾。相关部门可以印刷有关心理救助的宣传手册,发放给受灾群众。

最后,实现社会救助与心理救助相结合。灾民在自然灾害发生初期会出现显著的创伤情绪,社会服务机构与心理救助人员需要协调统一,集中力量进行受灾群众的心理重建与情绪安抚。在自然灾害发生的后期,要着重关注对老人、儿童、残障人士等弱势群体的救助,弱势群体更加脆弱,极容易出现心理上的创伤。对于受灾地区的残障人士、儿童等特殊群体,需要专业的心理咨询人员积极与其进行沟通交流,帮助其进行心理辅导与建设,对于有亲人在灾害中离去的家庭,需要积极对其进行心理疏导,鼓舞其重拾生活的信心,振奋精神,重建家园。心理救助不是短时间的救助,这是一项持续性的工作,救援人员应该定期去慰问灾民,开设专门的心理救助专线,以便在救援人员撤离灾区后,受灾群众可以通过拨打专线进行心理问题咨询。

9 结论

近年来,我国政府在自然灾害应急救助中一直处于主导地位,自从2008年“5·12四川汶川地震”之后,公众在自然灾害应急救助的参与意识越来越强,公众个体、专业人员、企事业单位与非政府组织都积极参与各类自然灾害救助,形成了政府和公众上下联动协同救助模式。但是由于我国发生的自然灾害种类众多,参与救助的公众类型也较多,公众在参与自然灾害应急救助时参与方式也趋于多样化,因此,实际公众参与程度并不高,没有充分发挥参与主体的潜力,参与救助行为通常是无效、无序的。基于此,对公众参与机制进行探究,从科学理论上解决谁参与、参与的领域是什么、参与的方式是什么、参与的效率如何等问题具有重要的理论和实践意义。主要研究成果和结论如下所示。

1)确定了公众参与自然灾害应急救助的影响因素,厘清影响因素之间的作用关系和作用程度

通过收集和梳理大量期刊文献、网络资源、书籍资料等,结合自然灾害应急救助公众参与实例数据,提出公众参与自然灾害应急救助的七方面影响因素,即“有序参与行为”“参与动机”“参与意识”“经济发展水平”“政策法规”“文化氛围”“个体心理认知”,并通过构建结构方程模型,得出各个影响因素之间的相互作用关系和作用程度:①参与意识对有序参与行为有正向影响;②参与动机对有序参与行为有正向影响,且对有序参与性为的影响程度高于参与意识对有序参与行为的影响程度;③个体心理认知通过参与意识和参与动机间接影响有序参与行为,且个体心理认知通过参与意识对有序参与行为影响程度更高;④经济发展水平影响参与意识和参与动机,其影响程度低于个体心理认知对参与意识和参与动机的影响;⑤文化氛围对参与意识和参与动机有显著的正向影响,且文化氛围对有序参与行为影响最显著;⑥政策法规通过参与意识和参与动机对有序参与行为有间接正向影响,政策法规对参与意识的影响低于文化氛围对于参与意识的影响。

2)“P-A-D-M”模型有助于应对自然灾害应急救助公众参与无序的问题

现实中,公众参与的逻辑起点仍是上级政府对地方政府的管控,自上而下的管理模式屡见不鲜,公众参与实质上多是象征性或是被动性参与。在学术界,从参与主体、参与领域、参与程度、参与方式、参与效率、参与保障综合全面考量公众参与行为的理论并不成熟,这为“P-A-D-M”自然灾害应急救助公众参与模型的产生提供了契机。该模型超越了传统政府主导、集权式的公众参与界限,引入了多元参与理念和多维发展价值观,同时综合参与主体、参与领域、参与程度、参与方式四维要素。这四维要素并不是简单的叠加,而是通过有机融合、相互依赖共同促进自然灾害应急救助公众参与。

3)公众参与网络关系分析有助于明确自然灾害、公众类型、参与方式的相互关系

通过分析自然灾害的种类与受灾省份网络,得出洪涝、风雹以及干旱为我国常发生的灾害,四川、贵州、湖南为经常受到灾害影响的省份,而北京市、天津市不易受到灾害影响。通过分析自然灾害种类与公众类型网络,得出公众参与救助的自然灾害类型前三位为地震灾害、泥石流及滑坡灾害,而参与台风、低温冷冻及雪灾、风雹、森林火灾救助比较少。在灾害救助中非政府组织、企事业单位参与最多,专业人员较少,而普通公众个体参与最少。通过分析公众类型与救助方式网络,得出公众主要采取的救助方式为捐助资金物资、进行生命救助,而对受灾群众的心理疏导、灾情发布与宣传关注不够。通过分析自然灾害种类与救助方式网络,得出公众在参与地震灾害救助时采用的救助手段比较多,而对于森林火灾,公众采取的救助手段比较单一。

4)公众参与效率评价有助于分析自然灾害应急救助公众参与效果

通过构建公众参与自然灾害应急救助效率的评价指标体系,得出三项投入指标,三项产出指标。投入指标分别为:公众提供的救灾总资金、公众的人力投入强度、公众提供的救灾物资占比。产出指标分别为:灾民满意度、转移安置人员比例、公众救灾总资金覆盖率。并把公众人力投入强度以及灾民满意度两项定性指标进一步划分层次,建立层次结构。通过构建模糊超效率 DEA 模型对公众参与自然灾害应急救助的效率进行实证研究,并从整体与个体两个角度分析评价结果。由分析结果可知,公众参与自然灾害应急救助效率整体较好,但也存在救助效率不高的情况;公众在自然灾害应急救助中效率较低的原因为公众投入的人力、物力、财力不能最大可能地发挥其应有的利用价值,投入资源浪费,灾民对公众在生命救助、心理救助上的满意度不高以及转移安置人员比例较低,投入产出比例失调,造成公众应急救助效率较低;同时,在不同的自然灾害类型下公众参与救助的效率也不同,公众在地震、泥石流灾害中救助效率相对较高,而在参与洪涝和雪灾救助中效率较低。

5)从政府保障、法制完善、制度支持、文化引领、能力提升、多方协作方面提升公众参与自然灾害应急救助效率

根据研究成果分析,基于新公共管理理论、新公共服务理论,借鉴美国、日本、英国等国家的公众参与自然灾害应急救助的经验,基于公众和政府层面,提出公众参与自然灾害应急救助的对策建议:加快政府职能的转变,为公众参与提供保障;健全法律制度体系,为公众参与提供制度支持;加强多方协作,提升公众参与的有序性;增强公众参与能力,使公众参与效率得到提高。

本书对于公众参与自然灾害应急救助的研究还存在许多不足之处,对于今后公众参与的研究也有较多思考。比如,在影响因素的确定方面还有很多因素未在考虑范围之内,没有将各类因素全部整合起来;基于数据的可得性以及资料的限制,本书只选取了 16 例具有代表性的评价实例,未能覆盖我国所有的自然灾害种类,仍需要进一步的研究和探讨。

参考文献

[1] 薛澜，俞晗之. 迈向公共管理范式的全球治理——基于“问题—主体—机制”框架的分析[J]. 中国社会科学，2015(11)：76-91.

[2] 国务院. 自然灾害救助条例(国务院令 577 号)[EB/OL]. (2010-07-14)[2021-05-01].中华人民共和国中央人民政府.

[3] 国务院办公厅. 国务院办公厅印发新修订的《国家自然灾害救助应急预案》[J]. 中国应急管理，2016(3)：48-53.

[4] 佚名. 中华人民共和国国民经济和社会发展第十三个五年规划纲要[EB/OL]. (2016-03-17)[2021-05-01].新华网.

[5] 习近平. 决胜全面建成小康社会 夺取新时代中国特色社会主义伟大胜利[N]. 人民日报，2017-10-28(1).

[6] 林闽钢，战建华. 灾害救助中的 NGO 参与及其管理——以汶川地震和台湾 9·21 大地震为例[J]. 中国行政管理，2010(3)：98-103.

[7] LAKSHMI NARAYANAN R G, IBE O C. A joint network for disaster recovery and search and rescue operations[J]. Computer Networks, 2012, 56(14): 3347-3373.

[8] WACHINGER G, RENN O, BEGG C, et al. The risk perception paradox—implications for governance and communication of natural hazards[J]. Risk Anal, 2013, 33(6): 1049-1065.

[9] WEX F, SCHRYEN G, FEUERRIEGEL S, et al. Emergency response in natural disaster management: Allocation and scheduling of rescue units[J]. European Journal of Operational Research, 2014, 235(3): 697-708.

[10] ORAL M, YENEL A, ORAL E, et al. Earthquake experience and

preparedness in Turkey [J]. Disaster Prevention and Management: An International Journal, 2015, 24(1): 21-37.

[11] SWORD-DANIELS V, ERIKSEN C, HUDSON-DOYLE E E, et al. Embodied uncertainty: living with complexity and natural hazards [J]. Journal of Risk Research, 2018, 21(3): 290-307.

[12] DEO R C, SALCEDO-SANZ S, CARROCALVO L, et al. Drought prediction with standardized precipitation and evapotranspiration index and support vector regression models [J]. Integrating Disaster Science & Management, 2018: 151-174.

[13] SEGAL K, JONG J, HALBERSTADT J. The fusing power of natural disasters: An experimental study [J]. Self and Identity, 2018, 17(5): 574-586.

[14] ZUBIR S S, AMIRROL H. Disaster risk reduction through community participation [C] // Management of natural resources, sustainable development and ecological hazards Ⅲ. 2012: 195-206.

[15] VALLANCE S. Disaster recovery as participation: lessons from the Shaky Isles [J]. Natural Hazards, 2015, 75(2): 1287-1301.

[16] SADIQI Z, TRIGUNARSYAH B, COFFEY V. A framework for community participation in post-disaster housing reconstruction projects: A case of Afghanistan [J]. International Journal of Project Management, 2016, 35(5): 900-912.

[17] DANIELS J P. Preparedness for natural disasters in Colombia [J]. The Lancet, 2017, 389(10087): 2363-2364.

[18] ESPIA J C P, FERNANDEZ P Jr. Insiders and outsiders: local government and NGO engagement in disaster response in Guimaras, Philippines [J]. Disasters, 2015, 39(1): 51-68.

[19] CHANDRASEKHAR D, ZHANG Y, XIAO Y, et al. Nontraditional participation in disaster recovery planning: cases from China, India, and the United States[J]. Journal of the American Planning Association, 2014, 80(4): 373-384.

[20] TKACHUCK M A, SCHULENBERG S E, LAIR E C. Natural Disaster Preparedness in College Students: Implications for Institutions of Higher Learning[J]. J AM Coll Health, 2018, 66(4): 269-279.

[21] LUDIN S M, ROHAIZAT M, ARBON P. The association between social cohesion and community disaster resilience: A cross-sectional study[J]. Health & Social Care in the Community, 2019, 27(3): 621-631.

[22] LUNA E M. Disaster mitigation and preparedness: the case of NGOs in the Philippines[J]. Disasters, 2001, 25(3): 216-226.

[23] MATIN N, TAHER M. The changing emphasis of disasters in Bangladesh NGOs[J]. Disasters, 2001, 25(3): 227-239.

[24] CURNIN S, OWEN C, PATON D, et al. A theoretical framework for negotiating the path of emergency management multi-agency coordination [J]. Applied Ergonomics, 2015 (47): 300-307.

[25] LORENZI D, CHUN S A, VAIDYA J, et al. PEER: A Framework for Public Engagement in Emergency Response[J]. International Journal of E-Planning Research (IJEPR), 2015, 4(3):29-46.

[26] HORNEY J, SIMON M, RICCHETTI-MASTERSON K, et al. Resident perception of disaster recovery planning priorities[J]. International Journal of Disaster Resilience in the Built Environment, 2016, 7(4): 330-343.

[27] BURNSIDE-LAWRY J, CARVALHO L. A stakeholder approach to building community resilience: awareness to implementation[J]. International Journal of Disaster Resilience in the Built Environment, 2016, 7(1): 4-25.

[28] DUNLOP A L, LOGUE K M, VAIDYANATHAN L, et al. Facilitators and Barriers for Effective Academic-Community Collaboration for Disaster Preparedness and Response[J]. Journal of Public Health Management and Practice, 2016, 22(3): E20-E28.

[29] HEMINGWAY R, GUNAWAN O. The Natural Hazards Partnership: A public-sector collaboration across the UK for natural hazard disaster risk reduction[J]. International Journal of Disaster Risk Reduction, 2018(27): 499-511.

[30] COOK A D B, SHRESTHA M. An assessment of international emergency disaster response to the 2015 Nepal earthquakes[J]. International Journal of Disaster Risk Reduction, 2018, 31: 535-547.

[31] ODIASE O, WILKINSON S, NEEF A. Urbanisation and disaster risk: the resilience of the Nigerian community in Auckland to natural hazards[J]. Environmental Hazards-Human and Policy Dimensions, 2020, 19(1): 90-106.

[32] COROMINAS A, PASTOR R, RODRÍGUEZ E. Rotational allocation of tasks to multifunctional workers in a service industry[J]. International Journal of Production Economics, 2006, 103(1): 3-9.

[33] TOPALOGLU S, OZKARAHAN I. A constraint programming-based solution approach for medical resident scheduling problems[J]. Computers and Operations Research, 2011, 38(1): 246-255.

[34] FALASCA M, ZOBEL C. An optimization model for volunteer assignments in humanitarian organizations[J]. Socio-Economic Planning Sciences, 2012, 46(4): 250-260.

[35] GUERRIERO F, SURACE R, LOSCRÍ V, et al. A multi-objective approach for unmanned aerial vehicle routing problem with soft time windows

constraints[J]. Applied Mathematical Modelling, 2014, 38(3): 839-852.

[36] SAMADDAR S, YOKOMATSU M, DAYOUR F, et al. Evaluating effective public participation in disaster management and climate change adaptation: insights from northern ghana through a user-based approach[J]. Risk, Hazards & Crisis in Public Policy, 2015, 6(1): 117-143.

[37] CVETKOVIC V. The Relationship Between Educational Level And Citizen Preparedness To Respond To Natural Disasters[J]. Journal of the Geographical Institute "Jovan Cvijić" SANU, 2016, 66(2): 237-253.

[38] OSIPOV V I, LARIONOV V I, BUROVA V N, et al. Methodology of natural risk assessment in Russia[J]. Natural Hazards, 2017, 88: 17-41.

[39] MORENO J. The role of communities in coping with natural disasters: Lessons from the 2010 Chile Earthquake and Tsunami[J]. Procedia Engineering, 2018, 212: 1040-1045.

[40] 童星. 中国应急管理的演化历程与当前趋势[J]. 公共管理与政策评论, 2018, 7(6): 11-20.

[41] 陶鹏. 从结构变革到功能再造: 政府灾害管理体制变迁的网络分析[J]. 中国行政管理, 2016(1): 134-138.

[42] 黄帝荣. 论我国灾害救助制度的缺陷及其完善[J]. 湖南科技大学学报(社会科学版), 2010, 13(2): 86-89.

[43] 许飞琼. 澳大利亚自然灾害救助制度[J]. 中国保险, 2017(3): 19-23.

[44] 张素娟. 国外减灾型社区建设模式概述[J]. 中国减灾, 2014(1): 52-57.

[45] 陈雨平. 从雅安地震看我国自然灾害救助体系的建设[J]. 科技信息, 2014(15): 163.

[46] 林鸿潮. 我国非常规突发事件国家救助标准制度之完善——以美国"9·11事件"的救助经验为借鉴[J]. 法商研究, 2015, 32(2): 24-34.

[47] 赵朝峰. 当代中国自然灾害救助管理机构的演变[J]. 中国行政管理, 2015(7): 137-142.

[48] 陈标, 王晓旭. 我国自然灾害危机中协同治理机制研究——以H省为例[J]. 现代商贸工业, 2017, 29(30): 123-125.

[49] 李华文. 改革开放四十年来中国自然灾害与社会救助述论——基于历年灾害与救灾数据的统计分析[J]. 湖南社会科学, 2018(5): 46-52.

[50] 薛澜. 学习四中全会《决定》精神, 推进国家应急管理体系和能力现代化[J]. 公共管理评论, 2019, 1(3): 33-40.

[51] 梁志杰, 韩文佳. 应急救灾物资储备制度的创新研究[J]. 管理世界, 2010(6): 175-176.

[52] 胡洋. 我国自然灾害救助工作存在的问题及对策[J]. 中共太原市委党校学报, 2012(3): 46-48.

[53] 祝明. 国际自然灾害救助标准比较[J]. 灾害学, 2015, 30(2): 138-143.

[54] 周永根. 社区应急管理模式的国际比较[J]. 求索, 2017(9): 80-86.

[55] 赵川芳. 社会工作与灾害救助研究——现状、问题与建议[J]. 社会工作与管理, 2017, 17(5): 30-35.

[56] 周洪建, 张弛. 特别重大自然灾害救助的灾种差异性研究——基于汶川地震和西南特大连旱的分析[J]. 自然灾害学报, 2017, 26(2): 100-107.

[57] 王宏伟. 现代应急管理理念下我国应急管理部的组建: 意义、挑战与对策[J]. 安全, 2018, 39(5): 1-6.

[58] 赵娜. "互联网+"背景下防灾减灾救灾协同机制研究[J]. 科学技术创新, 2018(5): 69-70.

[59] 王东明, 曹坤, 刘剑博. 汶川地震以来我国自然灾害救助工作的发展[J]. 中国应急救援, 2018(3): 9-14.

[60] 赵志磊. 公众参与制度与公众参与效果[J]. 信阳师范学院学报(哲学社会科学版),2020, 40(1): 16-22.

[61] 汪寿阳, 杨晓光, 曹杰. 突发公共事件应急管理研究中的重要科学问题[J]. 中国应急管理, 2007(2): 36-41.

[62] 张一文, 齐佳音, 方滨兴, 等. 非常规突发事件及其社会影响分析——基于引致因素耦合协调度模型[J]. 运筹与管理, 2012, 21(2): 202-211.

[63] 朱正威, 李文君, 赵欣欣. 社会稳定风险评估公众参与意愿影响因素研究[J]. 西安交通大学学报 (社会科学版), 2014, 34(2): 49-55.

[64] 刘铁民, 张程林. 从问责调查到问题调查——基于系统论和系统安全理论的思考与建议[J]. 中国安全生产科学技术, 2016, 12(9): 5-13.

[65] 谢正臣. “5・12”灾后重建多元主体参与及协作机制研究——以广元市利州区灾后恢复重建为例[J]. 中共四川省委党校学报, 2011(3): 45-48.

[66] 黄敏. 政府与非政府组织在灾害救助中的日常合作机制探析[J]. 山西财经大学学报, 2011, 33(S3): 261.

[67] 钟开斌. 建立民间组织有序高效参与灾害管理的机制[J]. 中国减灾, 2013(15): 21-23.

[68] 孟甜. 非政府组织参与灾害救助的困境解读与制度重构——以汶川地震为例[J]. 西南民族大学学报(人文社会科学版), 2014, 35(2): 87-91.

[69] 张晓苏, 张海波. 社会组织在应急响应中的功能与角色——基于芦山地震的实证研究[J]. 风险灾害危机研究, 2015(1): 129-149.

[70] 杨娜, 肖洁, 叶宏. 浅议防灾减灾中的社会工作介入[J]. 学理论, 2017(3): 91-93.

[71] 刘华, 章郑承. 我国灾害联合救助组织发展存在的问题及对策研究

[J]. 陕西理工大学学报(社会科学版), 2017, 35(3): 4-10.
[72] 邓锐, 周瑞. 突发事件应急管理中的公众参与研究——以江口县特大山洪为例[J]. 产业与科技论坛, 2018, 17(19): 232-233.
[73] 张金平. 我国自然灾害危机管理中的公众参与问题研究[J]. 改革与开放, 2011(14): 147-148.
[74] 王晖. 重大自然灾害社会援助机制研究——以汶川大地震灾后恢复重建为例[J]. 湖南科技大学学报(社会科学版), 2013, 16(6): 105-108.
[75] 潘孝榜, 徐艳晴. 公众参与自然灾害应急管理若干思考[J]. 人民论坛, 2013(32): 123-125.
[76] 刘凤涛. 非政府组织灾害救助的限制因素——以雅安地震为例[J]. 长春教育学院学报, 2014, 30(2): 12-13.
[77] 戴雅蓓. 政府引导公众参与自然灾害救助问题研究——以浙江省温州市为例[D]. 南昌: 江西农业大学, 2015.
[78] 唐圆圆. 中国慈善组织参与社区灾后恢复重建的问题研究——基于中美比较分析的视角[D]. 广州: 暨南大学, 2017.
[79] 刘杰. 灾后恢复重建的多元参与机制研究[J]. 中国公共安全(学术版), 2017(4): 38-41.
[80] 张勤, 俞红霞, 李翎枝. 重大风险救灾中的志愿服务心理救助能力研究[J]. 中国行政管理, 2018(7): 128-133.
[81] 王宏伟. 中国应急管理的变革: 难点、创新与挑战[J]. 中国安全生产, 2019, 14(3): 36-39.
[82] 师钰, 陈安. 社会力量参与应急管理的政策审视与实践探索[J]. 中国应急救援, 2019(3): 16-21.
[83] 杨善林, 朱克毓, 付超, 等. 基于元胞自动机的群决策从众行为仿真[J]. 系统工程理论与实践, 2009, 29(9): 115-124.
[84] 徐玖平, 孟李娜. 灾后重建国内 NGO 与政府合作的综合集成模式[J].

系统工程学报，2011，26(6):725-737.

[85] 吴晓涛. 中国突发事件应急预案研究现状与展望[J]. 管理学刊，2014，27(1)：70-74.

[86] 刘奕，刘艺，张辉. 非常规突发事件应急管理关键科学问题与跨学科集成方法研究[J]. 中国应急管理，2014(1)：10-15.

[87] 张成福. 风险社会中的政府风险管理——评《政府风险管理——风险社会中的应急管理升级与社会治理转型》[J]. 中国行政管理，2015(4)：157-158.

[88] 洪宇翔，李从东. 面向社会稳定风险治理的社会情绪共同体研究[J]. 情报杂志，2015，34(4):116-121.

[89] 陈鹏，张继权，张立峰，等. 城市自然灾害应急救助能力评价指标体系与概念模型研究[J]. 农业灾害研究，2015，5(9)：35-37.

[90] 王玉海，谢恬恬，孙燕娜，等. 基于需求视角的灾害救助及其救助效果评估研究[J]. 北京师范大学学报(自然科学版)，2015，51(5)：533-539.

[91] 张营军，苏英振，薛碧峰. 抢险救灾物资运送的时效性分析[J]. 财经界(学术版)，2015(10)：361.

[92] 林毓铭. 政府如何加强重特大灾害应急救援能力建设[J]. 领导科学论坛，2015(24)：8-10.

[93] 陈新房，郑丽佳，李翠婷，等. 救灾物流配送路径决策研究[J]. 内蒙古师范大学学报(自然科学汉文版)，2017，46(1)：44-47.

[94] 周荣辅，王涛，王英. 地震应急救援队伍派遣及道路重建联合规划模型[J]. 西南交通大学学报，2017，52(2)：303-308.

[95] 王悦宸，苏醒，贾熹滨，等. 应急救援中基于线性规划的多目标多资源分配模型[J]. 中国科学技术大学学报，2018，48(6)：458-466.

[96] 韩亚娟，杨宇航，彭运芳. 考虑救援点资源分布的救援车辆路径优化

[J]. 上海大学学报(自然科学版), 2018, 24(4): 655-664.

[97] 宋叶, 宋英华, 刘丹, 等. 基于时间满意度和胜任能力的地震应急救援队伍指派模型[J]. 中国安全科学学报, 2018, 28(8): 180-185.

[98] 孙华丽, 赵喆, 刘涛, 等. 震后应急医疗救援流程效率评价研究[J]. 中国管理科学, 2019, 27(1): 205-216.

[99] 李萍, 王锡伟. 自然灾害概念的新界定[J]. 中国减灾, 2012(23): 44-45.

[100] 胡德胜. "公众参与"概念辨析[J]. 贵州大学学报(社会科学版), 2016, 34(5): 103-108.

[101] 贾西津. 中国公民参与:案例与模式[M]. 北京: 社会科学文献出版社, 2008.

[102] 王锡锌.行政过程中公众参与的制度实践[M]. 北京: 中国法制出版社, 2008.

[103] 蔡定剑. 公众参与: 风险社会的制度建设[M]. 北京: 法律出版社. 2009.

[104] 王家德, 陈建孟. 当代环境管理体系建构[M]. 北京: 中国环境科学出版社, 2005.

[105] 郑功成. 社会保障学:理念、制度、实践与思辨[M]. 北京: 商务印书馆, 2000.

[106] 约翰·克莱顿·托马斯. 公共决策中的公民参与[M]. 孙柏瑛, 等译. 北京:中国人民大学出版社, 2010.

[107] HEATH R. Crisis Management for Managers and Executives[M]. London: Financial Times, Pitman Publishing, 1998.

[108] 任冠东. 我国志愿者行为有序管理研究[D]. 长沙: 湖南师范大学, 2015.

[109] 谢晓非, 谢冬梅, 郑蕊, 等. SARS 危机中公众理性特征初探[J]. 管

理评论，2003，15(4)：6-12.

[110] 顾华详. 公民参与社会管理的法治路径探讨[J]. 中国浦东干部学院学报，2013，7(1)：89-95.

[111] 赵杰. 浅析我国公共决策中公民参与的适度性[J]. 广西青年干部学院学报，2008，18(6)：68-69.

[112] 陈迎欣，张凯伦. 自然灾害应急救助的公众参与途径及有序参与评判标准[J]. 防灾科技学院学报，2019，21(2)：50-55.

[113] 龙霞. 社会组织介入灾后社区重建的研究——以芦山地震为例[J]. 决策咨询，2018(5)：80-82.

[114] 金占勇，田亚鹏，张洋. 突发灾害事件网络舆情特征分析——以6·23盐城龙卷风事件为例[J]. 吉首大学学报（社会科学版），2018，39(S2)：72-78.

[115] 匡曦. 社会力量参与四川4·20芦山地震救援的案例研究[D]. 成都：电子科技大学，2015.

[116] 王名，佟磊. 清华NGO研究的观点与展望[J]. 中国行政管理，2003(3)：59-60.

[117] 张文显. 法治与国家治理现代化[J]. 中国法学，2014(4)：5-27.

[118] 中国互联网协会. 2017年中国互联网产业发展综述与2018年发展趋势[J]. 互联网天地，2018(1)：2-23.

[119] 辛立艳. 面向政府危机决策的信息管理机制研究[D]. 长春：吉林大学，2014.

[120] 陈迎欣，张凯伦，于春红. 系统论视角下公众参与自然灾害应急救助的动力机制[J]. 价值工程，2019，38(28)：293-295.

[121] HUNTINGTON S P, NELSON J M. No easy choice：political participation in developing countries[M]. Cambridge：Harvard University Press, 1976.

[122] HUNTINGTON S P. Political Order In Changing Societies[M]. New

Heaven and London: Yale University Press, 1968.

[123] 金太军, 周义程. 政策过程中公民有序参与有效性的影响因素——基于系统论视角的考量[J]. 学术界, 2014(5): 84-92, 310.

[124] WHALEN H, ALMOND G A, VERBA S. The Civic Culture: Political Attitudes and Democracy in Five Nations [J]. International Journal, 1964, 19(2): 235.

[125] DAHL R A. Modern political analysis [J]. American Political Science Association, 2003, 13(January): 15-23.

[126] 褚松燕. 公民有序参与的影响因素分析[J]. 学习论坛, 2007, 23(7): 73-76.

[127] SHEERAN P, ORBELL S. Augmenting the theory of planned behavior: Roles for anticipated regret and descriptive norms. [J]. Journal of Applied Social Psychology, 1999, 29(10): 2107-2142.

[128] 邱皓政, 林碧芳. 结构方程模型的原理与应用[M]. 2 版. 北京: 中国轻工业出版社, 2019.

[129] LEWIN K. A dynamic theory of personality [J]. Journal of Nervous & Mental Disease, 1936, 85(5): 612-613.

[130] 萧扬基. 台湾中部地区高中生公民意识及相关因素之研究[R]. 台北: 行政院国家科学委员会专题研究计划成果报告(NSC 89-2413-H-212-003-S), 2000: 28-29.

[131] 郑建君, 金盛华, 马国义. 组织创新气氛的测量及其在员工创新能力与创新绩效关系中的调节效应[J]. 心理学报, 2009, 41(12): 1203-1214.

[132] 王琳. 转型期公民政治心理对政治参与的影响研究[D]. 成都: 四川师范大学, 2015.

[133] 罗喆慧, 万晶晶, 刘勤学, 等. 大学生网络使用、网络特定自我效能与

网络成瘾的关系[J]. 心理发展与教育，2010，26(6)：618-626.

[134] 张政宏，陈曦. 我国自然灾害应急管理体系问题研究[J]. 价值工程，2010，29(18)：180-181.

[135] 杨荣军. 我国公民政治参与状况及影响因素实证分析[J]. 重庆科技学院学报(社会科学版)，2010(23)：15-18.

[136] GOEL V. Sketches of thought[M]. Cambridge：The MIT Press，1995.

[137] 田喜洲. 心理资本及其对接待业员工工作态度与行为的影响研究[D]. 重庆：重庆大学，2008.

[138] 谢慧敏. 从十七大报告透视加强公民意识教育[J]. 广东青年干部学院学报，2008，22(1)：16-19.

[139] 王京传. 旅游目的地治理中的公众参与机制研究[D]. 天津：南开大学，2013.

[140] 饶伟国，肖鸣政. 公务员培训参与动机分析[J]. 管理世界，2007(10)：57-63.

[141] 王越，费艳颖. 生态文明建设中公众参与意识培育路径研究[J]. 长春理工大学学报(社会科学版)，2015，28(7)：38-41.

[142] 陈然. 网民参与网络论坛的行为动机探讨与量表建构[J]. 新闻界，2012(19)：41-44.

[143] 刘超. 企业员工不安全行为影响因素分析及控制对策研究[D]. 北京：中国地质大学，2010.

[144] LUTHJE C，HERSTATT C. The Lead User method：an outline of empirical findings and issues for future research[J]. R & D Management，2004，34(5)：553-568.

[145] SMITH H M，BETZ N E. Development and validation of a Scale of Perceived Social Self-Efficacy[J]. Journal of Career Assessment，2000，8(3)：283-301.

[146] 石晶. 中国公众的政治参与观念调查报告(2016)[J]. 国家治理, 2016(23): 25-39.

[147] 漆国生, 王琳. 网络参与对公共政策公信力提升的影响分析[J]. 中国行政管理, 2010(7): 21-23.

[148] 赵英, 田蜜, 刘任烨, 等. 影响高校学生采纳社交媒体的共性因素研究[J]. 图书馆, 2018(3): 75-82.

[149] 陈金贵.公民参与的研究[J]. 台湾行政学报, 1992(24): 95-128.

[150] 王力. 农村公路建设项目决策中的公众参与影响因素分析[D]. 成都: 西南交通大学, 2015.

[151] 李春梅. 城镇居民公众参与认知、态度和行为关系的实证研究[D]. 成都: 西南交通大学, 2013.

[152] WANG Y C, FESENMAIER D R. Towards understanding members' general participation in and active contribution to an online travel community[J]. Tourism Management, 2004, 25(6): 709-722.

[153] 程国民. 微信公众平台用户参与行为影响因素研究——以社会认同为中介变量[D]. 重庆: 西南政法大学, 2015.

[154] 黄少华, 姜波, 袁梦遥. 网络政治参与行为量表编制[J]. 兰州大学学报(社会科学版), 2016, 44(6): 47-54.

[155] 中华人民共和国国家发展和改革委员会. 2017 年全国自然灾害基本情况[EB/OL]. (2018-02-12)[2021-05-01].中华人民共和国国家发展和改革委员会.

[156] YOCKEY R D. SPSS Demystified: A Step by Step Approach [M]. Pearson Schweiz Ag, 2010.

[157] 陈迎欣, 张凯伦, 安若红. 公众参与自然灾害应急救助的影响因素研究: 基于系统论的视角[J]. 重庆大学学报(社会科学版), 2018, 24(4): 39-51.

[158] 张凯伦. 公众有序参与自然灾害应急救助的影响因素研究[D]. 哈尔滨: 哈尔滨工程大学, 2018.

[159] ARNSTEIN S R. A Ladder Of Citizen Participation[J]. Journal of the American Institute of Planners, 1969, 35(4): 216-224.

[160] 安德鲁·弗洛伊·阿克兰. 设计有效的公众参与[M]. 苏楠, 译. 北京: 法律出版社, 2009.

[161] 刘红岩. 公民参与的有效决策模型再探讨[J]. 中国行政管理, 2014(1): 102-105.

[162] 房宁. 中国政治参与报告(2015)[M]. 北京: 社会科学文献出版社, 2015.

[163] 翁士洪. 城市规划决策中公众参与的分类分层研究[J]. 武汉科技大学学报(社会科学版), 2020, 22(1): 61-68.

[164] 史培军, 汪明, 廖永丰. 全国自然灾害综合风险普查工程(一)开展全国自然灾害综合风险普查的背景[J]. 中国减灾, 2020(1): 42-45.

[165] 李秋阳, 沈菲菲, 许冬梅, 等. 不同初始场资料对台风"桑美"数值模拟的影响[J]. 气象科技, 2019, 47(3): 460-468.

[166] 张帆. 论紧急状态下限权原则的建构思路与价值基础——以我国《突发事件应对法》为分析对象[J]. 政治与法律, 2020(1): 116-127.

[167] 林鸿潮, 赵艺绚. 制定《自然灾害防治法》的几个基本问题[J]. 中国安全生产, 2019, 14(10): 26-27.

[168] 王文甫, 胡振邦. 舟曲泥石流堰塞坝稳定性分析及应急预案研究[J]. 水力发电, 2019, 45(8): 33-35.

[169] 孙磊. 民众认知与响应地震灾害的区域和文化差异——以2010年玉树地震青海灾区和2008年汶川地震陕西灾区为例[J]. 国际地震动态, 2019, 49(3): 41-47.

[170] 程虹娟, 谢继辉. 慈善公益类社会组织参与社会救助的实效调研——

以“4 · 20”芦山地震为例[J]. 成都理工大学学报(社会科学版), 2015, 23(6): 73-77.

[171] 杨安华, 韩冰. 灾害管理中的企业参与: 从汶川地震到芦山地震的演进[J]. 中共四川省委党校学报, 2017(1): 91-98.

[172] 张晓苏, 张海波. 社会组织在应急响应中的功能与角色——基于芦山地震的实证研究[J]. 风险灾害危机研究, 2015(1): 129-149.

[173] 马小飞, 部娜. 社会组织在灾害应急管理中作用发挥研究[J]. 发展, 2016(10): 63-64.

[174] 吴璟. 城市生态安全治理的公众参与研究[D]. 徐州: 中国矿业大学, 2018.

[175] 汉尼曼, 里德尔, 陈世荣, 等. 社会网络分析方法: UCINET 的应用[M]. 陈世荣, 钟栎娜, 译. 北京: 知识产权出版社, 2019.

[176] 陈迎欣, 郜旭彤, 李烨. 自然灾害应急救助的公众参与方式——基于2008—2017 年应急救助案例的实证分析[J]. 系统工程, 2020, 38(3): 1-9.

[177] 李烨. 公众参与自然灾害应急救助的效率评价研究[D]. 哈尔滨: 哈尔滨工程大学, 2019.

[178] ABIDI H, DE LEEUW S, KLUMPP M. Humanitarian supply chain performance management: A systematic literature review[J]. Supply Chain Management: An International Journal, 2014, 19(5/6): 592-608.

[179] GUNASEKARAN A, KOBU B. Performance measures and metrics in logistics and supply chain management: a review of recent literature (1995—2004) for research and applications[J]. International Journal of Production Research, 2007, 45(2): 2819-2840.

[180] GYÖNGYI K, KAREN M S. Humanitarian logistics in disaster relief operations[J]. International Journal of Physical Distribution & Logistics

Management, 2007, 37(2): 99-114.

[181] NIKBAKHSH E, ZANJIRANI FARAHANI R. Humanitarian Logistics Planning in Disaster Relief Operations [J]. Logistics Operations & Management, 2011: 291-332.

[182] 孙燕娜, 王玉海, 廖建辉. 救灾需求内涵模式及其指标体系与救助评估研究[J]. 经济与管理研究, 2010, 31(6): 85-94.

[183] 黄瑞芬, 王燕, 夏帆. 我国海洋灾害救助能力评价的实证研究——以上海风暴潮为例[J]. 海洋经济, 2011, 1(2): 39-45.

[184] 施玮. 风险社会下的自然灾害救助制度研究[J]. 理论研究, 2009(3): 41-43.

[185] 蹇华胜, 马剑飞. 玉树地震与汶川地震医疗救援效率的比较[C]. 中华医学会、中华医学会急诊医学分会(Chinese Society for Emergency Medicine). 中华医学会急诊医学分会第17次全国急诊医学学术年会论文集. 西宁, 2014: 278.

[186] 钱洪伟, 王笑然. 应急志愿者组织在地震灾害弱势群体精准救援中的作用与对策[J]. 决策探索(中), 2018(4): 5-8.

[187] 王丹丹, 徐伟. 自然灾害应急安置点设置模式初探[J]. 灾害学, 2018, 33(1): 190-195.

[188] 史培军, 张欢. 中国应对巨灾的机制——汶川地震的经验[J]. 清华大学学报(哲学社会科学版), 2013, 28(3): 96-113.

[189] 任心甫, 王建华, 梁丹, 等. 成都突发性灾害社会救助体系现状及对策研究[J]. 成都行政学院学报, 2017(4): 15-18.

[190] 曹庆奎, 王文君, 任向阳. 考虑灾民感知满意度的突发事件应急救援人员派遣模型[J]. 价值工程, 2017, 36(2): 82-85.

[191] 袁媛, 樊治平, 刘洋. 突发事件应急救援人员的派遣模型研究[J]. 中国管理科学, 2013, 21(2): 152-160.

[192] 张雷，孔艳岩. 城市内涝灾害应急救援指派模型[J]. 中国安全科学学报，2013，23(1)：171-176.

[193] 四川统计局. 灾区民众高度评价救援力量——汶川大地震主要救援力量满意度调查[J]. 四川省情，2008(7)：41-42.

[194] 张勇，刘军. 三网融合视域下的社会组织灾害救助微治理[J]. 社会科学家，2016(11)：37-41.

[195] 吴瑶. 汶川灾后社会救助满意度及影响因素研究[D]. 武汉：华中科技大学，2010.

[196] 林闽钢，战建华. 灾害救助中的 NGO 参与及其管理——以汶川地震和台湾 9·21 大地震为例[J]. 中国行政管理，2010(3)：98-103.

[197] 李华强. 突发性灾害中的公众风险感知与应急管理——基于汶川地震的研究[D]. 成都：西南交通大学，2011.

[198] 张薇. 西藏农牧区自然灾害社会救助体系建设研究[J]. 西藏发展论坛，2013(4)：59-64.

[199] 冷晴. 国际人道主义组织的自然灾害救援效率评估分析研究[D]. 合肥：中国科学技术大学，2018.

[200] 成刚. 数据包络分析方法与 MaxDEA 软件[M]. 北京：知识产权出版社，2014.

[201] 陈迎欣，周蕾，郜旭彤，等. 公众参与自然灾害应急救助的效率评价——基于 2008—2017 年应急救助案例的实证研究[J]. 中国软科学，2020(2)：182-192.

[202] 王震. 当代中国重大突发性自然灾害的应急动员研究[D]. 北京：中共中央党校，2010.

[203] 姜付仁，向立云，刘树坤. 美国防洪政策演变[J]. 自然灾害学报，2000，9(3)：38-45.

[204] 全国人民代表大会. 中华人民共和国宪法[EB/OL]. (2018-03-22)

[2020-01-01]. 新华网.

[205] 祝继高，辛宇，仇文妍. 企业捐赠中的锚定效应研究——基于“汶川地震”和“雅安地震”中企业捐赠的实证研究[J]. 管理世界，2017(7)：129-141，188.

[206] 魏安琪. 浅析联合国教科文组织在海地大地震后公共危机管理中扮演的角色[J]. 商，2016(6)：65-66.

[207] 本刊编辑部. 李学举在全国民政工作会议上总结分析 2008 年抗灾救灾工作的成就与经验[J]. 中国减灾，2009(1)：3-5.

[208] 吴建安.2008 年我国自然灾害救助应急响应回顾[J] .中国减灾，2009(1)：12-14.

[209] 张庆洲. 唐山警世录[M]. 上海：上海人民出版社，2006.

[210] 刘宏波，施益军，翟国方. 灾害响应多元主体协同治理的经验与启示——基于美国和日本的思考[J]. 2019 中国城市规划年会论文集(01 城市安全与防灾规划). 重庆：中国建筑工业出版社，2019：322-332.

[211] 刘增娟. 中、日重大自然灾害社会救助比较研究[D]. 上海：华东师范大学，2013.

[212] 李多. 我国自然灾害应急救助研究[D]. 乌鲁木齐：新疆大学，2015.

[213] 文天甲. 国外重大自然灾害应急救助经验及其对我国的借鉴[D]. 湘潭：湘潭大学，2012.

[214] 张梦雨. 公众参与政府自然灾害应急管理问题研究[D]. 长春：吉林大学，2013.

[215] 仇保兴. 借鉴日本经验求解四川灾后规划重建的若干难题[J]. 城市规划学刊，2008，178(6)：5-15.

[216] SAXENAS. Mental health and psychosocial support in crisis situation[R]. Geneva：WHO，2005.

[217] United Nation. Building the resilience of nations and communities to disasters: Hyogo framework for action 2005-2015[R]. World Conference on Disaster Reduction, Kobo, Hyogo, Japan, 2005.

[218] UNEP. Environmental needs assessment in post-disaster situations: A practical guide for implementation[R]. New York, 2008.

[219] 彭金冶，杜忠连. 走向服务政府：洛克有限政府理论及其启示[J]. 理论探讨，2020(1)：50-55.

[210] 王庆伟，李雪峰. 我国应急演练开展现状综述[J]. 中国减灾，2019(23)：18-21.

[221] 李君，郭树森，张海鹰. 灾难心理救援管理研究[J]. 灾害医学与救援(电子版)，2018 (1)：27-30.

附　录

附录 A　调查问卷

公众参与自然灾害应急救助的影响因素调查问卷

欢迎您参加本次调查。本次调查目的是了解您参与自然灾害应急救助行为情况,调查采取不记名的方式,结果仅用于学术研究。请根据您的感受认真并完整地回答问题,万分感谢您的配合。

第一部分

1.性别:男 女

2.年龄:20 岁以下　20—39 岁　40—59 岁　60 岁及以上

3.文化程度:初中及以下　高中(含中专)　大专　本科　研究生及以上

4.职业:非政府组织(NGO)等非营利性组织

企业

事业单位

学术界/教职员

自由职业

个体经营

学生

其他

5.专业领域:经济学

法学

教育学

文学、历史学

理学、工学

农学

医学

管理学

其他

6.您认为目前我国自然灾害应急救助决策中是否应该引入公众参与?

是　否

7.如果由政府出面组织公众参与,您愿意参与到自然灾害救助活动当中吗?

是　否

第二部分

请选择您最满意的选项。

序号	题项	非常不同意	比较不同意	一般	比较同意	非常同意
1	我具有强烈的社会责任感					
2	我对自然灾害应急救助工作充分了解					
3	我对政府部门组织的自然灾害应急救助工作有信心					
4	我相信我能够参与到自然灾害应急救助活动中					
5	我有参与自然灾害应急救助的能力					

续表

序号	题项	非常不同意	比较不同意	一般	比较同意	非常同意
6	应急救助的宣传资金投入越多,公众参与意识越强					
7	经济发展水平越高,政府对于应急救助设备的资金投入越多					
8	经济发展水平决定了应急救助的文化资金投入程度					
9	经济发展水平越高,政府对于应急救助教育的资金投入越多					
10	媒体宣传对于普及自然灾害应急救助知识具有很大的作用					
11	良好的社会文化环境有利于公众参与自然灾害应急救助					
12	政府对自然灾害应急救助的宣传教育很重要					
13	网络、手机等媒体能够让我跟上潮流不至于落伍					
14	网络、手机等媒体提供了对我有价值的信息和服务					
15	应急管理的相关法律法规政策十分支持自然灾害应急救助活动					
16	政府信息公开透明有助于开展自然灾害应急救助活动					
17	提高应急救助政策的质量有助于开展自然灾害应急救助活动					
18	如果应急救助政策的可接受性高,那么自然灾害应急救助活动也会更好进行					

续表

序号	题项	非常不同意	比较不同意	一般	比较同意	非常同意
19	加强自然灾害应急救助方面的法律规章制度非常有必要					
20	我对于自然灾害应急救助活动有参与倾向					
21	我所在的社区对于培养公众参与自然灾害应急救助的意识十分重视					
22	自然灾害发生时,我要积极自救互救					
23	自然灾害发生时,我要为受灾群众捐款捐物					
24	参与自然灾害应急救助可以提升个人的社会地位					
25	在自然灾害应急救助工作中作出突出贡献的先进集体和个人,应该受到精神或物质奖励					
26	参与自然灾害应急救助可以将掌握的应急救助知识用于实践					
27	救助他人可以实现人生价值					
28	救助他人,我的身心会感到愉悦					
29	积极参与应急教育培训与应急演练					
30	在自然灾害应急救助过程中,时刻遵守相关的法律法规					
31	在自然灾害应急救助过程中,听从指挥安排					
32	在自然灾害应急救助过程中,避免发生群体性冲突					
33	在自然灾害应急救助过程中,合理自救互救					
34	在自然灾害应急救助过程中,持续向灾民提供援助					

附录 B 公众参与自然灾害应急救助案例

地震	2008 年“5 · 12”汶川 8.8 级特大地震 2008 年四川攀枝花—会理 6.1 级地震 2009 年云南姚安 6.0 级地震 2010 年青海玉树 7.1 级地震 2011 年云南盈江 5.8 级地震 2011 年西藏“9 · 18”6.8 级地震 2012 年“9 · 7”云南彝良 5.7 级地震 2012 年新疆新源 6.6 级地震 2013 年四川芦山 7.0 级地震 2013 年甘肃岷县漳县 6.6 级地震 2013 年吉林松原市 5.5 级地震 2014 年云南鲁甸 6.5 级地震 2014 年新疆于田 7.3 级地震 2014 年云南景谷 6.6 级地震 2015 年“4 · 25”西藏地震(受尼泊尔 7.5 级地震影响) 2015 年“7 · 3”新疆皮山 6.5 级地震 2016 年新疆阿克陶 6.7 级地震 2017 年四川九寨沟 7.0 级地震 2017 年西藏林芝 6.9 级地震 2017 年新疆精河 6.6 级地震
台风	2008 年台风“黑格比” 2008 年台风“风神” 2009 年台风“莫拉克” 2010 年台风“凡比亚” 2011 年台风“梅花” 2011 年台风“纳沙” 2012 年台风“苏拉” 2012 年台风“达维” 2013 年台风“尤特” 2013 年台风“菲特” 2013 年台风“山竹” 2014 年台风“威马逊”

续表

台风	2015年台风“苏迪罗” 2015年台风“彩虹” 2015年台风“莲花” 2016年台风“莫兰蒂” 2016年台风“尼伯特” 2016年台风“鲇鱼” 2017年台风“天鸽” 2017年台风“帕卡”
洪涝	2008年华南、中南地区洪涝 2008年长江沿线及江南地区洪涝 2009年湖南12市强降雨 2010年长江中下游地区暴雨洪涝 2010年东北洪涝 2010年陕西安康山洪 2011年南方洪涝 2012年7月初四川盆地至黄淮地区洪涝 2012年8月末川渝暴雨洪涝 2012年7月中旬南方洪涝 2012年6月初湖南暴雨洪涝 2013年8月东北地区洪涝 2013年7月上中旬四川盆地西北华北地区洪涝 2014年7月中旬南方洪涝 2014年9月中上旬华西洪涝 2015年6月初湘鄂黔等南方地区洪涝风雹 2016年7月上旬西南至长江中下游地区暴雨洪涝 2016年7月中下旬华北地区暴雨洪涝 2017年6月下旬至7月初长江中下游5省暴雨洪涝 2017年6月下旬至7月初西南及广西等地严重洪涝
干旱	2008年新疆干旱 2008年宁夏干旱 2008年云南干旱 2009年华北、西北、东北夏旱 2009年华北、西北大部、黄淮冬春连旱 2010年西南地区秋冬春特大干旱

续表

干旱	2011 年西南地区夏秋连旱 2011 年长江中下游地区春夏连旱 2011 年冬麦区冬春连旱 2012 年度云南冬春连旱 2012 年西南地区的春旱和秋冬连旱 2012 年内蒙古东北部和黑龙江西部的春旱 2012 年江淮和黄淮区域的初夏旱 2012 年华南地区的秋旱 2013 年 7 月初至 8 月中旬南方地区高温干旱灾害 2013 年贵州旱灾 2014 年 6—8 月东北黄淮等地旱灾 2015 年北方地区夏伏旱灾害 2016 年东北、西北干旱 2017 年山西、内蒙古春夏旱灾
泥石流及滑坡	2008 年四川泥石流灾害 2009 年云南昭通山体滑坡 2009 年四川康定泥石流 2010 年甘肃舟曲特大泥石流 2010 年陕西安康泥石流 2010 年贵州关岭山体滑坡 2010 年广西岑溪泥石流灾害 2011 年云南怒江泥石流灾害 2011 年四川凉山泥石流灾害 2011 年贵州局部泥石流灾害 2012 年“5·10”甘肃岷县特大泥石流灾害 2012 年新疆新源县泥石流 2012 年大理市凤仪镇泥石流灾害 2013 年“3·29”西藏墨竹工卡县山体滑坡灾害 2014 年 7 月上旬云南泥石流灾害 2015 年“8·12”陕西山阳滑坡灾害 2015 年“11·13”浙江丽水滑坡灾害 2016 年福建泰宁县重大泥石流灾害 2017 年四川茂县“6·24”特大山体滑坡灾害 2017 年贵州纳雍县“8·28”山体崩塌灾害

续表

低温冷冻及雪灾	2008 年特大低温雨雪冰冻灾害 2008 年西藏雪灾 2009 年全国 11 省遭暴雪袭击 2010 年新疆北部雪灾 2010 年内蒙古中东部雪灾 2011 年南方低温冷冻雪灾 2012 年内蒙古呼伦贝尔低温灾害 2012 年西藏日喀则雪灾 2013 年云南局地低温冷冻及雪灾 2013 年重庆巫溪县低温冻害 2013 年福建局地低温冻害 2013 年桂黔局地低温冻害 2014 年山西低温冷冻灾害 2014 年陕西低温冷冻灾害 2015 年西藏、新疆局地低温及雪灾 2015 年中东部 10 省低温冷冻及雪灾 2016 年新疆局地低温及雪灾 2016 年中东部低温冷冻及雪灾 2017 年安徽、山东、河南低温及雪灾 2017 年新疆乌鲁木齐雪灾
风雹	2008 年四川特大沙尘暴 2009 年河南风雹灾害 2009 年江西上饶风雹灾害 2009 年鞍山市台安县冰雹灾害 2011 年广东珠三角部分地区冰雹灾害 2011 年贵州风雹灾害 2012 年 7 月下旬华北地区风雹灾害 2012 年“5·10”甘肃岷县特大冰雹灾害 2012 年 6 月下旬南方风雹灾害 2013 年 8 月份东北地区风雹灾害 2013 年 6 月底至 7 月初四川盆地江淮江汉地区风雹灾害 2014 年全国 30 省风雹灾害 2015 年 6 月初湘鄂黔等南方地区风雹灾害 2015 年 6 月下旬四川等地风雹灾害 2015 年 5 月中下旬江西福建等地风雹灾害 2016 年江苏盐城龙卷风冰雹特别重大灾害 2016 年 6 月中下旬南方风雹灾害 2016 年 6 月上中旬西南地区东部至黄淮风雹灾害 2016 年 6 月中旬新疆风雹灾害 2017 年山西、内蒙古、黑龙江风雹灾害

续表

森林火灾	2008 年云南省部分地区火灾 2009 年贵州毕节火灾 2009 年云南昭通火灾 2009 年福建三明地区火灾 2010 年云南省大理市火灾 2010 年广西百色火灾 2011 年山西省阳泉市火灾 2012 年西昌泸山森林火灾 2012 年云南玉溪森林火灾 2012 年云南省晋宁县火灾 2013 年四川省甘孜州火灾 2013 年陕西省安康市火灾 2014 年云南腾冲火灾 2014 年云南省香格里拉县火灾 2014 年山西省柞水县火灾 2015 年贵州省册亨县森林火灾 2016 年四川省康定市火灾 2016 年甘肃省白龙江达拉林场火灾 2016 年黑龙江省大兴安岭火灾 2017 年云南省怒江州兰坪县火灾

附录 C　灾民满意度调查问卷

××灾害中灾民对公众参与应急救助的满意度调查

尊敬的先生/女士：

您好！诚邀您参与本次调查。本次调查的目的是了解您对××灾害中公众参与应急救助的满意度评价。结果仅用于学术研究，请您根据实际感受填写问卷，感谢您的配合。

其中，1 代表很满意，2 代表满意，3 代表一般，4 代表不满意，5 代表很不满意。

题项	1	2	3	4	5
1.公众及时地到达灾区加入了应急救助工作					
2.公众进行应急救助工作的质量水平较高					
3.在灾区参与灾后应急工作的公众数量比较充足					
4.灾民能够比较及时地获得心理救助					
5.公众进行心理救助的质量水平较高					
6.参与灾后心理救助工作的公众数量比较充足					

感谢您的配合!

附录 D　公众人力投入强度调查问卷

××灾害中公众人力投入强度调查

尊敬的专家:

您好！诚邀您参与本次调查。本次调查的目的是了解您对××灾害中公众人力投入强度评价。结果仅用于学术研究,请您根据实际感受填写问卷,感谢您的配合。

其中,1 代表很高,2 代表高,3 代表一般,4 代表低,5 代表很低。

题项	1	2	3	4	5
1.进行灾民的搜救工作的公众数量					
2.进行灾民的疏散工作					
3.灾民的医疗防疫工作					
4.灾后的物资保障工作					
5.灾后的资金保障工作					
6.灾后的专业心理救助工作					
7.灾后的心理知识宣传工作					

感谢您的配合!

附录 E　专家打分调查问卷

自然灾害应急救助公众人力投入强度及灾民满意度指标权重调查表

尊敬的专家:

您好,非常感谢您抽出珍贵的时间参与此次调查工作。本次调查问卷是针对自然灾害应急救助公众人力投入强度及灾民满意度指标设计,其目的是确定自然灾害应急救助公众人力投入强度及灾民满意度指标之间的相对重要性,以便确定公众人力投入强度及灾民满意度各项指标权重。请根据您的专业知识以及工作经验完成以下调查问卷,感谢您的配合!

1.填写说明

请将表格中首列相对于首行各个指标的重要程度,根据表 1 相对重要程度进行打分,填写到相应表格中。

表 1　打分说明

相对重要程度	定义	说明
1	同等重要	两个指标同等重要
3	略微重要	一个指标比另一个指标稍重要
5	相当重要	一个指标比另一个指标更重要
7	明显重要	深感一个指标比另一个重要,且有明显的证明
9	绝对重要	强烈感到一个指标比另一个指标重要得多
2,4,6,8	两相邻判断的中间值	折中使用

2.公众人力投入强度及灾民满意度各项指标

请针对下表对各层次重要程度关系进行打分。打分结果分别填入表 4(1)—4(7)中。

表 2　公众人力投入强度各指标

目标层	准则层	方案层
公众的人力投入强度 B	生命救助人力投入 B_1	公众投入搜救灾民人力 B_{11}
		公众投入灾民疏散人力 B_{12}
		公众投入医疗防疫人力 B_{13}
	生活救助人力投入 B_2	公众投入物资保障人力 B_{21}
		公众投入资金保障人力 B_{22}
	心理救助人力投入 B_3	公众投入心理救助人力 B_{31}
		公众心理知识宣传人力 B_{32}

表 3　灾民满意度各项指标

目标层	准则层	方案层
灾民满意度 C	生命救助满意度 C_1	公众参与生命救助及时性 C_{11}
		公众参与生命救助质量水平 C_{12}
		公众参与生命救助的人力数量 C_{13}
	心理救助满意度 C_2	灾民获得心理救助的及时性 C_{21}
		公众提供的心理救助水平 C_{22}
		公众参与心理救助的人力数量 C_{23}

表 4(1)　公众投入人力强度重要程度比较

B	B_1	B_2	B_3
B_1	1		
B_2		1	
B_3			1

表 4(2)　公众投入生命救助人力强度重要程度比较

B_1	B_{11}	B_{12}	B_{13}
B_{11}	1		
B_{12}		1	
B_{13}			1

表 4(3)　公众投入生活救助人力强度重要程度比较

B_2	B_{21}	B_{22}
B_{21}	1	
B_{22}		1

表 4(4)　公众投入心理救助人力强度重要程度比较

B_3	B_{31}	B_{32}
B_{31}	1	
B_{32}		1

表 4(5)　灾民满意度重要程度比较

C	C_1	C_2
C_1	1	
C_2		1

表 4(6)　灾民生命救助满意度重要程度比较

C_1	C_{11}	C_{12}	C_{13}
C_{11}	1		
C_{12}		1	
C_{13}			1

表 4(7)　灾民心理救助满意度重要程度比较

C_2	C_{21}	C_{22}	C_{23}
C_{21}	1		
C_{22}		1	
C_{23}			1

附录 F　专家打分权重结果

表 1　公众人力投入强度 B_1、B_2、B_3 权重

专家	B_1	B_2	B_3
专家 1	0.630 0	0.218 5	0.151 5
专家 2	0.539 6	0.297 0	0.163 4
专家 3	0.810 0	0.110 0	0.080 0
专家 4	0.535 0	0.344 0	0.121 0
专家 5	0.600 0	0.200 0	0.200 0
专家 6	0.330 0	0.330 0	0.330 0

续表

专家	B_1	B_2	B_3
专家 7	0.549 9	0.240 2	0.209 9
专家 8	0.637 0	0.104 7	0.285 3
专家 9	0.330 0	0.330 0	0.330 0
专家 10	0.600 0	0.200 0	0.200 0
专家 11	0.810 0	0.110 0	0.080 0
均值	0.579 2	0.225 9	0.194 9

表 2　公众人力投入强度 B_{11}、B_{12}、B_{13} 权重

专家	B_{11}	B_{12}	B_{13}
专家 1	0.297 0	0.163 4	0.539 6
专家 2	0.249 3	0.157 1	0.593 6
专家 3	0.310 8	0.195 8	0.493 4
专家 4	0.400 0	0.200 0	0.400 0
专家 5	0.330 0	0.330 0	0.330 0
专家 6	0.310 8	0.195 8	0.493 4
专家 7	0.297 0	0.163 4	0.539 6
专家 8	0.539 6	0.297 0	0.163 4
专家 9	0.163 4	0.539 6	0.297 0
专家 10	0.330 0	0.330 0	0.330 0
专家 11	0.535 0	0.344 0	0.121 0
均值	0.342 0	0.265 1	0.392 9

表 3　公众人力投入强度 B_{21}、B_{22}、B_{31}、B_{32} 权重

专家	B_{21}	B_{22}	B_{31}	B_{32}
专家 1	0.67	0.33	0.75	0.25
专家 2	0.5	0.5	0.67	0.33
专家 3	0.33	0.67	0.75	0.25
专家 4	0.5	0.5	0.8	0.2
专家 5	0.5	0.5	0.75	0.25
专家 6	0.67	0.33	0.67	0.33
专家 7	0.5	0.5	0.5	0.5
专家 8	0.33	0.67	0.75	0.25
专家 9	0.75	0.25	0.5	0.5
专家 10	0.5	0.5	0.67	0.33
专家 11	0.67	0.33	0.5	0.5
均值	0.538 2	0.461 8	0.664 5	0.335 5

表 4　灾民满意度 C_1、C_2 权重

专家	C_1	C_2
专家 1	0.8	0.2
专家 2	0.75	0.25
专家 3	0.67	0.33
专家 4	0.5	0.5
专家 5	0.75	0.25
专家 6	0.33	0.67
专家 7	0.5	0.5

续表

专家	C_1	C_2
专家 8	0.8	0.2
专家 9	0.5	0.5
专家 10	0.8	0.2
专家 11	0.5	0.5
均值	0.627 3	0.372 7

表 5　灾民满意度 C_{11}、C_{12}、C_{13} 权重

专家	C_{11}	C_{12}	C_{13}
专家 1	0.163 4	0.539 6	0.297 0
专家 2	0.250 0	0.500 0	0.250 0
专家 3	0.122 0	0.558 4	0.319 6
专家 4	0.169 2	0.443 4	0.387 4
专家 5	0.200 0	0.400 0	0.400 0
专家 6	0.263 1	0.547 2	0.189 7
专家 7	0.169 2	0.443 4	0.387 4
专家 8	0.196 0	0.311 0	0.493 0
专家 9	0.163 4	0.539 6	0.297 0
专家 10	0.153 0	0.546 0	0.301 0
专家 11	0.209 2	0.611 8	0.178 9
均值	0.176 2	0.448 8	0.375 0

表 6　灾民满意度 C_{21}、C_{22}、C_{23} 权重

专家	C_{21}	C_{22}	C_{23}
专家 1	0.250 0	0.500 0	0.250 0
专家 2	0.163 4	0.297 0	0.539 6
专家 3	0.169 2	0.443 4	0.387 4
专家 4	0.200 0	0.400 0	0.400 0
专家 5	0.122 0	0.558 4	0.319 6
专家 6	0.250 0	0.500 0	0.250 0
专家 7	0.163 4	0.297 0	0.539 6
专家 8	0.153 0	0.546 0	0.301 0
专家 9	0.200 0	0.400 0	0.400 0
专家 10	0.163 4	0.297 0	0.539 6
专家 11	0.169 2	0.443 4	0.387 4
均值	0.182 1	0.425 7	0.392 2

附录 G　公众人力投入强度模糊综合评价结果

表 1　投入生命救助人力强度一级模糊综合评价

准则层指标 B_1 投入生命救助人力强度			
指标	公众投入搜救灾民人力 B_{11}	公众投入灾民疏散人力 B_{12}	公众投入医疗防疫人力 B_{13}
权重	0.342	0.265 1	0.392 9
DMU1	(0.45,0.29,0.08,0.18,0)	(0.29,0.5,0.14,0.06,0.01)	(0.38,0.31,0.21,0.09,0.01)
DMU2	(0.06,0.14,0.5,0.3,0)	(0.1,0.1,0.58,0.22,0)	(0.13,0.09,0.28,0.5,0.09)

续表

指标	公众投入搜救 灾民人力 B_{11}	公众投入灾民 疏散人力 B_{12}	公众投入医疗 防疫人力 B_{13}
权重	0.342	0.265 1	0.392 9
DMU3	(0.04,0.15,0.51,0.3,0)	(0.21,0.47,0.12,0.2,0)	(0.22,0.27,0.42,0.09,0)
DMU4	(0.21,0.37,0.21,0.2,0.01)	(0.2,0.47,0.3,0.03,0)	(0.2,0.39,0.32,0.09,0)
DMU5	(0.19,0.29,0.42,0.1,0)	(0,0.35,0.49,0.1,0.06)	(0.2,0.2,0.3,0.3,0)
DMU6	(0,0.3,0.6,0.1,0)	(0,0.29,0.55,0.16,0)	(0.1,0.28,0.4,0.22,0)
DMU7	(0.11,0.47,0.32,0.1,0)	(0.05,0.53,0.4,0.02,0)	(0,0.4,0.38,0.21,0.01)
DMU8	(0.1,0.5,0.2,0.2,0)	(0,0.45,0.39,0.16,0)	(0.1,0.1,0.58,0.22,0)
DMU9	(0.1,0.3,0.5,0.1,0)	(0.09,0.5,0.3,0.1,0.01)	(0.13,0.46,0.3,0.1,0.01)
DMU10	(0.15,0.49,0.2,0.16,0)	(0.2,0.39,0.29,0.12,0)	(0.1,0.49,0.29,0.12,0)
DMU11	(0.06,0.19,0.54,0.21,0)	(0.11,0.12,0.51,0.26,0.01)	(0.11,0.3,0.48,0.1,0.01)
DMU12	(0.18,0.27,0.49,0.06,0)	(0.5,0.39,0.1,0.01,0)	(0.3,0.2,0.25,0.25,0)
DMU13	(0.1,0.14,0.5,0.22,0.04)	(0.19,0.26,0.46,0.07,0.03)	(0.06,0.31,0.45,0.15,0.03)
DMU14	(0.09,0.49,0.19,0.22,0.01)	(0.19,0.46,0.26,0.07,0.03)	(0.14,0.32,0.31,0.22,0)
DMU15	(0.29,0.58,0.1,0.03,0)	(0.11,0.46,0.2,0.23,0)	(0.21,0.38,0.2,0.2,0.01)
DMU16	(0.17,0.32,0.45,0.03,0.03)	(0.1,0.26,0.49,0.15,0)	(0.23,0.2,0.51,0.06,0)

表 2　投入生活救助人力强度一级模糊综合评价

准则层指标 B_2 生活救助人力强度		
方案层 指标	公众投入物资保障人力 B_{21}	公众投入资金保障人力 B_{22}
权重	0.538 2	0.461 8
DMU1	(0.58,0,0.22,0.2,0)	(0.49,0.12,0.18,0.19,0.02)
DMU2	(0.04,0.15,0.51,0.3,0)	(0.01,0.15,0.54,0.3,0)

续表

方案层 指标	公众投入物资保障人力 B_{21}	公众投入资金保障人力 B_{22}
权重	0.538 2	0.461 8
DMU3	(0.09,0.1,0.58,0.22,0.01)	(0.2,0.4,0.3,0.1,0)
DMU4	(0.3,0.4,0.15,0.15,0)	(0.2,0.4,0.3,0.1,0)
DMU5	(0.1,0.4,0.25,0.25,0)	(0.19,0.48,0.3,0.03,0)
DMU6	(0.32,0.26,0.4,0.02,0)	(0.2,0.5,0.3,0,0)
DMU7	(0.2,0.53,0.2,0.07,0)	(0.31,0.47,0.2,0.02,0)
DMU8	(0.2,0.31,0.4,0.09,0)	(0.15,0.5,0.33,0.02,0)
DMU9	(0.1,0.49,0.18,0.22,0)	(0.17,0.47,0.24,0.13,0)
DMU10	(0.2,0.4,0.2,0.2,0)	(0.19,0.44,0.2,0.17,0)
DMU11	(0.16,0.36,0.28,0.21,0)	(0.2,0.39,0.29,0.12,0)
DMU12	(0.2,0.5,0.15,0.15,0)	(0.17,0.47,0.24,0.13,0)
DMU13	(0.2,0.2,0.4,0.2,0)	(0.18,0.21,0.41,0.2,0)
DMU14	(0.06,0.54,0.19,0.21,0)	(0.16,0.36,0.28,0.21,0)
DMU15	(0.36,0.51,0.1,0.03,0)	(0.38,0.49,0.12,0.01,0)
DMU16	(0.04,0.51,0.15,0.3,0)	(0.22,0.37,0.32,0.09,0)

表 3　投入心理救助人力强度一级模糊综合评价

准则层指标 B_3 心理救助人力强度		
方案层 指标	专业心理救助人力 B_{31}	心理知识宣传人力 B_{32}
权重	0.664 5	0.335 5
DMU1	(0,0,0.56,0.4,0.04)	(0,0,0.64,0.36,0)
DMU2	(0,0.2,0.29,0.36,0.15)	(0.03,0.1,0.39,0.36,0.12)

续表

方案层 指标	专业心理救助人力 B_{31}	心理知识宣传人力 B_{32}
权重	0.664 5	0.335 5
DMU3	(0.2,0.19,0.31,0.3,0)	(0.2,0.37,0.4,0.03,0)
DMU4	(0.1,0.2,0.45,0.25,0)	(0.05,0.2,0.38,0.37,0)
DMU5	(0,0.38,0.4,0.22,0)	(0,0.35,0.49,0.1,0.06)
DMU6	(0.15,0.15,0.47,0.23,0)	(0.2,0.2,0.36,0.24,0)
DMU7	(0.1,0.2,0.4,0.3,0)	(0.09,0.16,0.41,0.3,0.04)
DMU8	(0.09,0.23,0.14,0.39,0.15)	(0.02,0.11,0.28,0.49,0.1)
DMU9	(0.1,0.21,0.36,0.3,0.03)	(0,0.21,0.44,0.35,0)
DMU10	(0.2,0.38,0.3,0.11,0)	(0.05,0.25,0.39,0.28,0.02)
DMU11	(0.09,0.1,0.38,0.35,0.09)	(0.05,0.05,0.35,0.38,0.16)
DMU12	(0.1,0.17,0.33,0.3,0.1)	(0.22,0.37,0.31,0.1,0)
DMU13	(0.06,0.31,0.45,0.15,0.03)	(0,0.31,0.51,0.18,0)
DMU14	(0.05,0.3,0.44,0.16,0.05)	(0.14,0.31,0.32,0.22,0)
DMU15	(0.01,0.21,0.38,0.2,0.2)	(0.1,0.29,0.58,0.03,0)
DMU16	(0.09,0.1,0.22,0.49,0.1)	(0.13,0.19,0.18,0.5,0.09)

表 4　二级模糊综合评价

准则层 指标 B	生命救助人力投入 B_1	生活救助人力投入 B_2	心理救助人力投入 B_3
权重	0.579 2	0.225 9	0.194 9
DMU1	(0.38,0.35,0.15,0.11,0.01)	(0.54,0.06,0.2,0.2,0.01)	(0,0,0.59,0.39,0.03)
DMU2	(0.1,0.11,0.43,0.36,0.04)	(0.03,0.15,0.52,0.3,0)	(0.01,0.17,0.32,0.36,0.14)
DMU3	(0.16,0.28,0.37,0.19,0)	(0.14,0.24,0.45,0.16,0.01)	(0.2,0.25,0.34,0.21,0)
DMU4	(0.2,0.4,0.28,0.11,0)	(0.25,0.4,0.22,0.13,0)	(0.08,0.2,0.43,0.29,0)

续表

准则层 指标 B	生命救助人力投入 B_1	生活救助人力投入 B_2	心理救助人力投入 B_3
权重	0.579 2	0.225 9	0.194 9
DMU5	(0.14,0.27,0.39,0.18,0.02)	(0.14,0.44,0.27,0.15,0)	(0,0.37,0.43,0.18,0.02)
DMU6	(0.04,0.29,0.51,0.16,0)	(0.26,0.37,0.35,0.01,0)	(0.17,0.17,0.43,0.23,0)
DMU7	(0.05,0.46,0.36,0.12,0)	(0.25,0.5,0.2,0.05,0)	(0.1,0.19,0.4,0.3,0.01)
DMU8	(0.07,0.33,0.4,0.2,0)	(0.18,0.4,0.37,0.06,0)	(0.07,0.19,0.19,0.42,0.13)
DMU9	(0.11,0.42,0.37,0.1,0.01)	(0.13,0.48,0.21,0.18,0)	(0.07,0.21,0.39,0.32,0.02)
DMU10	(0.14,0.46,0.26,0.13,0)	(0.2,0.42,0.2,0.19,0)	(0.15,0.34,0.33,0.17,0.01)
DMU11	(0.09,0.21,0.51,0.18,0.01)	(0.18,0.37,0.28,0.17,0)	(0.08,0.08,0.37,0.36,0.11)
DMU12	(0.31,0.27,0.29,0.12,0)	(0.19,0.49,0.19,0.14,0)	(0.14,0.24,0.32,0.23,0.07)
DMU13	(0.11,0.24,0.47,0.15,0.03)	(0.19,0.2,0.4,0.2,0)	(0.04,0.31,0.47,0.16,0.02)
DMU14	(0.14,0.42,0.26,0.18,0.01)	(0.11,0.46,0.23,0.21,0)	(0.08,0.3,0.4,0.18,0.03)
DMU15	(0.21,0.47,0.17,0.15,0)	(0.37,0.5,0.11,0.02,0)	(0.04,0.24,0.45,0.14,0.13)
DMU16	(0.18,0.26,0.48,0.07,0.01)	(0.12,0.45,0.23,0.2,0)	(0.1,0.13,0.21,0.49,0.1)

表 5 公众人力投入强度综合评价结果

决策单元	公众人力投入强度综合评价结果隶属度	评价结果
DMU1	(0.342 1,0.216 3,0.247 1,0.184 9,0.013 9)	很高
DMU2	(0.066 7,0.130 7,0.428 9,0.346 4,0.050 5)	一般
DMU3	(0.160 8,0.266 4,0.382 3,0.187 0,0.002 3)	一般
DMU4	(0.187 9,0.361 0,0.295 7,0.149 6,0)	高
DMU5	(0.112 7,0.327 9,0.370 7,0.173 2,0.015 5)	一般
DMU6	(0.115 0,0.284 7,0.458 3,0.139 8,0)	一般

续表

决策单元	公众人力投入强度综合评价结果隶属度	评价结果
DMU7	(0.104 9,0.416 4,0.331 7,0.139 3,0.001 9)	高
DMU8	(0.094 8,0.318 5,0.352 3,0.211 3,0.025 3)	一般
DMU9	(0.106 2,0.390 3,0.336 8,0.161 0,0.007 7)	高
DMU10	(0.155 6,0.427 6,0.260 1,0.151 4,0.001 9)	高
DMU11	(0.109 1,0.225 0,0.430 9,0.212 5,0.025 9)	一般
DMU12	(0.249 8,0.313 9,0.273 3,0.146 0,0.013 6)	高
DMU13	(0.114 4,0.244 6,0.454 2,0.163 2,0.021 3)	一般
DMU14	(0.121 5,0.405 6,0.280 5,0.186 8,0.011 6)	高
DMU15	(0.213 0,0.432 0,0.211 0,0.118 7,0.025 3)	高
DMU16	(0.149 3,0.274 8,0.372 3,0.184 7,0.024 8)	一般

附录 H　灾民满意度模糊综合评价结果

表 1　灾民生命救助满意度一级模糊综合评价

准则层指标 C_1 生命救助满意度			
方案层指标	公众参与生命救助及时性 C_{11}	公众参与生命救助质量水平 C_{12}	公众参与生命救助的人力 C_{13}
权重	0.176 2	0.448 8	0.375
DMU1	(0.04,0.15,0.51,0.3,0)	(0.1,0.2,0.48,0.22,0)	(0.13,0.18,0.50,0.19,0)
DMU2	(0.03,0.1,0.28,0.5,0.09)	(0.04,0.15,0.51,0.3,0)	(0.04,0.15,0.51,0.3,0)
DMU3	(0.08,0.5,0.41,0.01,0)	(0.21,0.47,0.12,0.2,0)	(0.11,0.5,0.2,0.19,0)

续表

方案层指标	公众参与生命救助及时性 C_{11}	公众参与生命救助质量水平 C_{12}	公众参与生命救助的人力 C_{13}
权重	0.176 2	0.448 8	0.375
DMU4	(0.02,0.15,0.51,0.3,0.02)	(0.1,0.2,0.47,0.22,0.01)	(0.11,0.18,0.5,0.19,0.02)
DMU5	(0.17,0.5,0.27,0.06,0)	(0.2,0.36,0.28,0.16,0)	(0.22,0.37,0.32,0.09,0)
DMU6	(0.05,0.14,0.5,0.3,0.01)	(0,0.22,0.58,0.2,0)	(0.13,0.18,0.5,0.19,0)
DMU7	(0.06,0.14,0.5,0.3,0)	(0,0.2,0.58,0.22,0)	(0.1,0.18,0.5,0.19,0.03)
DMU8	(0.06,0.5,0.14,0.29,0.01)	(0.1,0.1,0.58,0.22,0)	(0.1,0.5,0.18,0.18,0.04)
DMU9	(0.04,0.15,0.3,0.51,0)	(0.09,0.1,0.22,0.49,0.1)	(0.13,0.19,0.18,0.5,0.09)
DMU10	(0.01,0.54,0.3,0.15,0)	(0.09,0.48,0.21,0.21,0.01)	(0.12,0.49,0.18,0.19,0.02)
DMU11	(0.03,0.5,0.16,0.31,0)	(0.2,0.48,0.1,0.22,0)	(0.12,0.5,0.19,0.19,0)
DMU12	(0.04,0.15,0.51,0.3,0)	(0.1,0.2,0.48,0.22,0)	(0.13,0.18,0.5,0.19,0)
DMU13	(0.05,0.15,0.51,0.29,0)	(0.13,0.18,0.5,0.19,0)	(0.09,0.2,0.48,0.22,0.01)
DMU14	(0.18,0.49,0.27,0.06,0)	(0.33,0.5,0.15,0.02,0)	(0.21,0.37,0.32,0.1,0)
DMU15	(0.13,0.48,0.19,0.19,0)	(0.13,0.2,0.48,0.18,0.01)	(0.1,0.48,0.2,0.22,0)
DMU16	(0.2,0.48,0.1,0.21,0.01)	(0.13,0.48,0.2,0.18,0.01)	(0.1,0.48,0.2,0.22,0)

表 2　灾民心理救助满意度一级模糊综合评价

准则层指标 C_2 心理救助满意度			
方案层指标	灾民获得心理救助及时性 C_{21}	公众提供的心理救助水平 C_{22}	公众参与心理救助的人力 C_{23}
权重	0.182 1	0.425 7	0.392 2
DMU1	(0.2,0.31,0.4,0.09,0)	(0.18,0.27,0.49,0.06,0)	(0.15,0.33,0.50,0.02,0)
DMU2	(0.02,0.11,0.28,0.49,0.1)	(0.03,0.1,0.28,0.5,0.09)	(0.09,0.23,0.14,0.39,0.15)
DMU3	(0.1,0.26,0.36,0.18,0.1)	(0.2,0.2,0.24,0.27,0.09)	(0,0.1,0.34,0.46,0.1)

续表

方案层指标	灾民获得心理救助及时性 C_{21}	公众提供的心理救助水平 C_{22}	公众参与心理救助的人力 C_{23}
权重	0.182 1	0.425 7	0.392 2
DMU4	(0.09,0.2,0.55,0.1,0.06)	(0.1,0.3,0.37,0.21,0.02)	(0,0.21,0.35,0.44,0)
DMU5	(0.17,0.45,0.32,0.03,0.03)	(0.2,0.36,0.27,0.16,0.01)	(0.21,0.37,0.32,0.1,0)
DMU6	(0.1,0.3,0.4,0.2,0)	(0.1,0.26,0.49,0.15,0)	(0.14,0.34,0.5,0.01,0.01)
DMU7	(0.1,0.31,0.4,0.19,0)	(0.08,0.27,0.49,0.15,0.01)	(0.15,0.33,0.5,0.01,0.01)
DMU8	(0.1,0.2,0.49,0.2,0.01)	(0.2,0.2,0.36,0.24,0)	(0.15,0.15,0.47,0.23,0)
DMU9	(0.1,0.02,0.3,0.37,0.21)	(0.04,0.02,0.3,0.44,0.2)	(0.05,0.1,0.43,0.32,0.1)
DMU10	(0.1,0.1,0.41,0.32,0.07)	(0.1,0.1,0.31,0.28,0.21)	(0,0.2,0.29,0.45,0.06)
DMU11	(0.1,0.21,0.53,0.11,0.05)	(0.09,0.35,0.49,0.07,0)	(0,0.32,0.38,0.25,0.05)
DMU12	(0.2,0.31,0.4,0.09,0)	(0.18,0.27,0.49,0.06,0)	(0.15,0.33,0.5,0.02,0)
DMU13	(0.19,0.3,0.42,0.09,0)	(0.17,0.27,0.5,0.05,0.01)	(0.15,0.33,0.5,0.02,0)
DMU14	(0.2,0.47,0.3,0.03,0)	(0.2,0.38,0.33,0.09,0)	(0.22,0.47,0.22,0.09,0)
DMU15	(0.1,0.36,0.21,0.3,0.03)	(0.1,0.51,0.24,0.1,0.05)	(0,0.41,0.2,0.38,0.01)
DMU16	(0.1,0.2,0.5,0.2,0)	(0.15,0.15,0.49,0.21,0)	(0,0.21,0.44,0.35,0)

表 3　二级模糊综合评价

准则层指标 C	生命救助满意度 C_1	心理救助满意度 C_2
权重	0.627 3	0.372 7
DMU1	(0.1,0.18,0.49,0.22,0)	(0.17,0.3,0.48,0.05,0)
DMU2	(0.04,0.15,0.19,0.45,0.17)	(0.05,0.15,0.23,0.46,0.12)
DMU3	(0.15,0.49,0.2,0.16,0)	(0.1,0.17,0.3,0.33,0.1)
DMU4	(0.09,0.18,0.49,0.22,0.02)	(0.05,0.25,0.39,0.28,0.02)

续表

准则层指标 C	生命救助满意度 C_1	心理救助满意度 C_2
权重	0.627 3	0.372 7
DMU5	(0.2,0.39,0.29,0.12,0)	(0.2,0.38,0.3,0.11,0)
DMU6	(0.06,0.19,0.54,0.21,0)	(0.12,0.3,0.48,0.1,0)
DMU7	(0.05,0.18,0.54,0.22,0.01)	(0.11,0.3,0.48,0.1,0)
DMU8	(0.09,0.32,0.35,0.22,0.02)	(0.16,0.18,0.43,0.23,0)
DMU9	(0.1,0.14,0.22,0.5,0.04)	(0.05,0.05,0.35,0.38,0.16)
DMU10	(0.09,0.49,0.21,0.19,0.01)	(0.06,0.14,0.32,0.35,0.13)
DMU11	(0.14,0.49,0.14,0.22,0)	(0.06,0.31,0.45,0.15,0.03)
DMU12	(0.1,0.18,0.49,0.22,0)	(0.17,0.3,0.48,0.05,0)
DMU13	(0.1,0.18,0.49,0.22,0.03)	(0.17,0.3,0.49,0.05,0)
DMU14	(0.26,0.45,0.23,0.06,0)	(0.21,0.43,0.28,0.08,0)
DMU15	(0.12,0.35,0.32,0.20,0.01)	(0.06,0.44,0.22,0.25,0.03)
DMU16	(0.13,0.48,0.18,0.2,0)	(0.08,0.18,0.47,0.26,0)

表 4　灾民满意度综合评价结果

决策单元	灾民满意度综合评价结果隶属度	评价结果
DMU1	(0.127 3,0.227 3,0.487 1,0.158 3,0)	一般
DMU2	(0.043 8,0.150 3,0.204 1,0.451 8,0.150 2)	不满意
DMU3	(0.132 4,0.369 2,0.238 4,0.224 4,0.035 7)	满意
DMU4	(0.078 3,0.207 1,0.453 5,0.244 3,0.017 0)	一般
DMU5	(0.200 8,0.385 4,0.295 2,0.114 9,0.003 6)	满意
DMU6	(0.079 3,0.231 1,0.514 1,0.173 0,0.002 6)	一般
DMU7	(0.071 6,0.226 2,0.514 1,0.177 9,0.010 1)	一般

续表

决策单元	灾民满意度综合评价结果隶属度	评价结果
DMU8	(0.118 8,0.268 3,0.380 2,0.221 6,0.011 2)	一般
DMU9	(0.080 8,0.108 6,0.268 3,0.453 7,0.088 9)	不满意
DMU10	(0.078 8,0.359 6,0.251 0,0.249 6,0.054 7)	满意
DMU11	(0.108 9,0.424 5,0.259 8,0.196 0,0.010 7)	满意
DMU12	(0.127 3,0.227 3,0.487 1,0.158 3,0)	一般
DMU13	(0.125 1,0.225 7,0.491 0,0.154 3,0.025 1)	一般
DMU14	(0.239 7,0.442 9,0.252 2,0.065 3,0)	满意
DMU15	(0.097 6,0.383 5,0.282 7,0.218 6,0.017 5)	满意
DMU16	(0.112 8,0.369 2,0.290 4,0.223 7,0.003 9)	满意

附录 I　实证研究定性指标截取后数据

表 1　实证研究定性指标截取后数据

	0.1		0.2		0.3	
	X_2	Y_1	X_2	Y_1	X_2	Y_1
DMU1	[0.81,0.99]	[0.41,0.59]	[0.82,0.98]	[0.42,0.58]	[0.83,0.97]	[0.43,0.57]
DMU2	[0.41,0.59]	[0.21,0.39]	[0.42,0.58]	[0.22,0.38]	[0.43,0.57]	[0.23,0.37]
DMU3	[0.41,0.59]	[0.61,0.79]	[0.42,0.58]	[0.62,0.78]	[0.43,0.57]	[0.63,0.77]
DMU4	[0.61,0.79]	[0.41,0.59]	[0.62,0.78]	[0.42,0.58]	[0.63,0.77]	[0.43,0.57]
DMU5	[0.41,0.59]	[0.61,0.79]	[0.42,0.58]	[0.62,0.78]	[0.43,0.57]	[0.63,0.77]
DMU6	[0.41,0.59]	[0.41,0.59]	[0.42,0.58]	[0.42,0.58]	[0.43,0.57]	[0.43,0.57]
DMU7	[0.61,0.79]	[0.41,0.59]	[0.62,0.78]	[0.42,0.58]	[0.63,0.77]	[0.43,0.57]
DMU8	[0.41,0.59]	[0.41,0.59]	[0.42,0.58]	[0.42,0.58]	[0.43,0.57]	[0.43,0.57]

续表

	0.1		0.2		0.3	
	X_2	Y_1	X_2	Y_1	X_2	Y_1
DMU9	[0.61,0.79]	[0.21,0.39]	[0.62,0.78]	[0.22,0.38]	[0.63,0.77]	[0.23,0.37]
DMU10	[0.61,0.79]	[0.61,0.79]	[0.62,0.78]	[0.62,0.78]	[0.63,0.77]	[0.63,0.77]
DMU11	[0.41,0.59]	[0.61,0.79]	[0.42,0.58]	[0.62,0.78]	[0.43,0.57]	[0.63,0.77]
DMU12	[0.61,0.79]	[0.41,0.59]	[0.62,0.78]	[0.42,0.58]	[0.63,0.77]	[0.43,0.57]
DMU13	[0.41,0.59]	[0.41,0.59]	[0.42,0.58]	[0.42,0.58]	[0.43,0.57]	[0.43,0.57]
DMU14	[0.61,0.79]	[0.61,0.79]	[0.62,0.78]	[0.62,0.78]	[0.63,0.77]	[0.63,0.77]
DMU15	[0.61,0.79]	[0.61,0.79]	[0.62,0.78]	[0.62,0.78]	[0.63,0.77]	[0.63,0.77]
DMU16	[0.41,0.59]	[0.61,0.79]	[0.42,0.58]	[0.62,0.78]	[0.43,0.57]	[0.63,0.77]
	0.4		0.5		0.6	
	X_2	Y_1	X_2	Y_1	X_2	Y_1
DMU1	[0.84,0.96]	[0.44,0.56]	[0.85,0.95]	[0.45,0.55]	[0.86,0.94]	[0.46,0.54]
DMU2	[0.44,0.56]	[0.24,0.36]	[0.45,0.55]	[0.25,0.35]	[0.46,0.54]	[0.26,0.34]
DMU3	[0.44,0.56]	[0.64,0.76]	[0.45,0.55]	[0.65,0.75]	[0.46,0.54]	[0.66,0.74]
DMU4	[0.64,0.76]	[0.44,0.56]	[0.65,0.75]	[0.45,0.55]	[0.66,0.74]	[0.46,0.54]
DMU5	[0.44,0.56]	[0.64,0.76]	[0.45,0.55]	[0.65,0.75]	[0.46,0.54]	[0.66,0.74]
DMU6	[0.44,0.56]	[0.44,0.56]	[0.45,0.55]	[0.45,0.55]	[0.46,0.54]	[0.46,0.54]
DMU7	[0.64,0.76]	[0.44,0.56]	[0.65,0.75]	[0.45,0.55]	[0.66,0.74]	[0.46,0.54]
DMU8	[0.44,0.56]	[0.44,0.56]	[0.45,0.55]	[0.45,0.55]	[0.46,0.54]	[0.46,0.54]
DMU9	[0.64,0.76]	[0.24,0.36]	[0.65,0.75]	[0.25,0.35]	[0.66,0.74]	[0.26,0.34]
DMU10	[0.64,0.76]	[0.64,0.76]	[0.65,0.75]	[0.65,0.75]	[0.66,0.74]	[0.66,0.74]
DMU11	[0.44,0.56]	[0.64,0.76]	[0.45,0.55]	[0.65,0.75]	[0.46,0.54]	[0.66,0.74]
DMU12	[0.64,0.76]	[0.44,0.56]	[0.65,0.75]	[0.45,0.55]	[0.66,0.74]	[0.46,0.54]
DMU13	[0.44,0.56]	[0.44,0.56]	[0.45,0.55]	[0.45,0.55]	[0.46,0.54]	[0.46,0.54]
DMU14	[0.64,0.76]	[0.64,0.76]	[0.65,0.75]	[0.65,0.75]	[0.66,0.74]	[0.66,0.74]

续表

	0.4		0.5		0.6	
	X_2	Y_1	X_2	Y_1	X_2	Y_1
DMU15	[0.64,0.76]	[0.64,0.76]	[0.65,0.75]	[0.65,0.75]	[0.66,0.74]	[0.66,0.74]
DMU16	[0.44,0.56]	[0.64,0.76]	[0.45,0.55]	[0.65,0.75]	[0.46,0.54]	[0.66,0.74]
	0.7		0.8		0.9	
	X_2	Y_1	X_2	Y_1	X_2	Y_1
DMU1	[0.87,0.93]	[0.47,0.53]	[0.88,0.92]	[0.48,0.52]	[0.89,0.91]	[0.49,0.51]
DMU2	[0.47,0.53]	[0.27,0.33]	[0.48,0.52]	[0.28,0.32]	[0.49,0.51]	[0.29,0.31]
DMU3	[0.47,0.53]	[0.67,0.73]	[0.48,0.52]	[0.68,0.72]	[0.49,0.51]	[0.69,0.71]
DMU4	[0.67,0.73]	[0.47,0.53]	[0.68,0.72]	[0.48,0.52]	[0.69,0.71]	[0.49,0.51]
DMU5	[0.47,0.53]	[0.67,0.73]	[0.48,0.52]	[0.68,0.72]	[0.49,0.51]	[0.69,0.71]
DMU6	[0.47,0.53]	[0.47,0.53]	[0.48,0.52]	[0.48,0.52]	[0.49,0.51]	[0.49,0.51]
DMU7	[0.67,0.73]	[0.47,0.53]	[0.68,0.72]	[0.48,0.52]	[0.69,0.71]	[0.49,0.51]
DMU8	[0.47,0.53]	[0.47,0.53]	[0.48,0.52]	[0.48,0.52]	[0.49,0.51]	[0.49,0.51]
DMU9	[0.67,0.73]	[0.27,0.33]	[0.68,0.72]	[0.28,0.32]	[0.69,0.71]	[0.29,0.31]
DMU10	[0.67,0.73]	[0.67,0.73]	[0.68,0.72]	[0.68,0.72]	[0.69,0.71]	[0.69,0.71]
DMU11	[0.47,0.53]	[0.67,0.73]	[0.48,0.52]	[0.68,0.72]	[0.49,0.51]	[0.69,0.71]
DMU12	[0.67,0.73]	[0.47,0.53]	[0.68,0.72]	[0.48,0.52]	[0.69,0.71]	[0.49,0.51]
DMU13	[0.47,0.53]	[0.47,0.53]	[0.48,0.52]	[0.48,0.52]	[0.49,0.51]	[0.49,0.51]
DMU14	[0.67,0.73]	[0.67,0.73]	[0.68,0.72]	[0.68,0.72]	[0.69,0.71]	[0.69,0.71]
DMU15	[0.67,0.73]	[0.67,0.73]	[0.68,0.72]	[0.68,0.72]	[0.69,0.71]	[0.69,0.71]
DMU16	[0.47,0.53]	[0.67,0.73]	[0.48,0.52]	[0.68,0.72]	[0.49,0.51]	[0.69,0.71]

	1	
	X_2	Y_1
DMU1	[0.90,0.90]	[0.50,0.50]
DMU2	[0.50,0.50]	[0.30,0.30]

续表

	1	
	X_2	Y_1
DMU3	[0.50,0.50]	[0.70,0.70]
DMU4	[0.70,0.70]	[0.50,0.50]
DMU5	[0.50,0.50]	[0.70,0.70]
DMU6	[0.50,0.50]	[0.50,0.50]
DMU7	[0.70,0.70]	[0.50,0.50]
DMU8	[0.50,0.50]	[0.50,0.50]
DMU9	[0.70,0.70]	[0.30,0.30]
DMU10	[0.70,0.70]	[0.70,0.70]
DMU11	[0.50,0.50]	[0.70,0.70]
DMU12	[0.70,0.70]	[0.50,0.50]
DMU13	[0.50,0.50]	[0.50,0.50]
DMU14	[0.70,0.70]	[0.70,0.70]
DMU15	[0.70,0.70]	[0.70,0.70]
DMU16	[0.50,0.50]	[0.70,0.70]